2-3

개념과 유형으로 익히는 매스티안

사고력 연산 EGG 에그

덧셈과 뺄셈의 활용

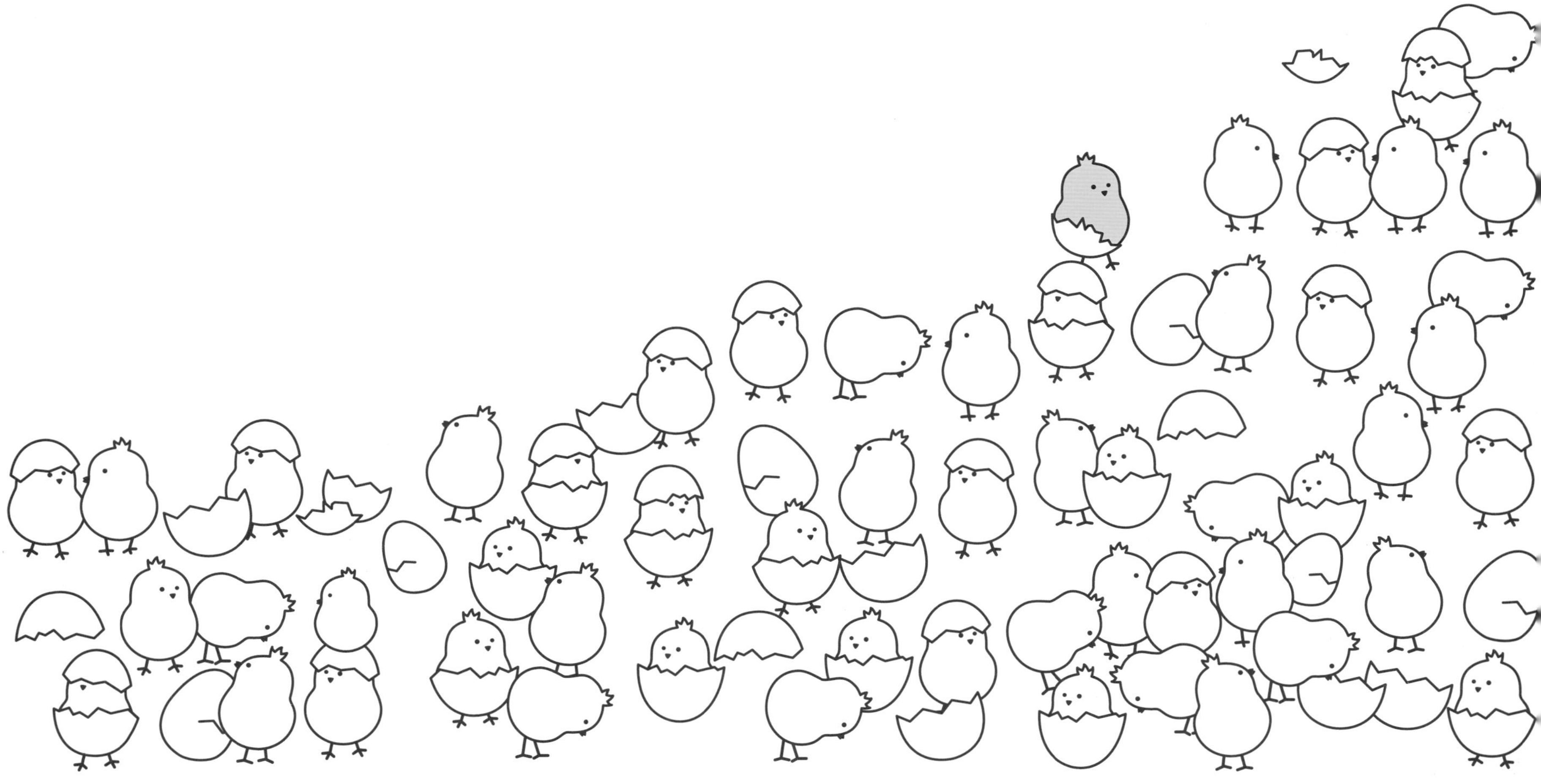

2-3

개념과 유형으로 익히는 매스티안

사고력 연산 EGG 에그

덧셈과 뺄셈의 활용

이 책에서는 앞서 학습했던 받아올림이 있는 두 자리 수의 덧셈과 받아내림이 있는 두 자리 수의 뺄셈을 기초로 한 다양한 유형의 활용 문제를 경험해 봅니다. 덧셈식을 뺄셈식으로 나타내거나 뺄셈식을 덧셈식으로 나타내는 활동을 통해 덧셈과 뺄셈의 관계를 이해하고 수를 부분과 전체로 연결 지어 생각해 보면서 수에 대한 유연성을 가지게 됩니다. 이를 바탕으로 세 수의 혼합 계산을 여러 가지 방법으로 해결하고 계산 순서를 이해하는 과정에서 연산식에 대한 융통성도 기를 수 있습니다. 또한 어떤 수를 □로 나타내고 이를 사용한 식에서 □의 값을 구하는 과정을 통해 문제 상황에 적합한 해결 전략을 세우고 문제를 해결해 나가는 힘을 기를 수 있습니다.

EGG의 학습법

1 먼저 상자 안의 설명을 잘 읽고, 수학적 개념과 계산 방법을 익혀요!

2 문제를 살펴보고 설명대로 천천히 풀다 보면 문제의 해결 방법을 알 수 있어요.

문제를 풀다 보면 종종 우리를 발견할 수 있어!

3 여우와 당나귀가 보여 주는 설명이나 예시를 통해 계산 방법에 대한 중요한 정보도 얻을 수 있어요.

우리는 너희가 개념을 이해하고 문제를 푸는 데 도움이 되는 설명이나 풀이 방법을 보여 줄 거야.

4 문제를 풀고 난 다음에는 잘 해결했는지 스스로 다시 한 번 꼼꼼하게 확인해요.

5 자, 이제 한 뼘 더 자란 수학 실력으로 다음 문제에 도전해 보세요!

문제를 하나씩 해결해 가는 과정을 천천히 즐겨 보세요! 여러분은 분명 수학을 좋아하게 될 거예요.

EGG의 구성

	1단계	2단계	3단계
1	**10까지의 수 / 덧셈과 뺄셈** 10까지의 수 10까지의 수 모으기와 가르기 한 자리 수의 덧셈 한 자리 수의 뺄셈	**세 자리 수** 1000까지의 수 뛰어 세기 수 배열표 세 자리 수의 활용	**나눗셈 1** 똑같이 나누기 곱셈과 나눗셈의 관계 곱셈식으로 나눗셈의 몫 구하기 곱셈구구로 나눗셈의 몫 구하기
2	**20까지의 수 / 덧셈과 뺄셈** 20까지의 수 19까지의 수 모으기와 가르기 19까지의 덧셈 19까지의 뺄셈	**두 자리 수의 덧셈과 뺄셈** 받아올림/받아내림이 있는 (두 자리 수)+(한 자리 수) (두 자리 수)−(한 자리 수) (두 자리 수)+(두 자리 수) (두 자리 수)−(두 자리 수)	**곱셈 1** (몇십)×(몇) (두 자리 수)×(한 자리 수) 여러 가지 방법으로 계산하기 곱셈의 활용
3	**100까지의 수** 50까지의 수 100까지의 수 짝수와 홀수 수 배열표	**덧셈과 뺄셈의 활용** 덧셈과 뺄셈의 관계 덧셈과 뺄셈의 활용 □가 있는 덧셈과 뺄셈 세 수의 덧셈과 뺄셈	**분수와 소수의 기초** 분수 개념 이해하기 전체와 부분의 관계 소수 개념 이해하기 자연수와 소수 이해하기 진분수, 가분수, 대분수 이해하기
4	**덧셈과 뺄셈 1** 받아올림/받아내림이 없는 (두 자리 수)+(한 자리 수) (두 자리 수)+(두 자리 수) (두 자리 수)−(한 자리 수) (두 자리 수)−(두 자리 수)	**곱셈구구** 묶어 세기, 몇 배 알기 2, 5, 3, 6의 단 곱셈구구 4, 8, 7, 9의 단 곱셈구구 1의 단 곱셈구구, 0의 곱 곱셈구구의 활용	**곱셈 2** (세 자리 수)×(한 자리 수) (몇십)×(몇십) (몇십몇)×(몇십) (한 자리 수)×(두 자리 수) (두 자리 수)×(두 자리 수)
5	**덧셈과 뺄셈 2** 세 수의 덧셈과 뺄셈 10이 되는 더하기 10에서 빼기 10을 만들어 더하기 10을 이용한 모으기와 가르기	**네 자리 수** 네 자리 수의 이해 각 자리 숫자가 나타내는 값 뛰어 세기 네 자리 수의 크기 비교 네 자리 수의 활용	**나눗셈 2** (몇십)÷(몇) (몇십몇)÷(몇) (세 자리 수)÷(한 자리 수) 계산 결과가 맞는지 확인하기 나눗셈의 활용
6	**덧셈과 뺄셈 3** (몇)+(몇)=(십몇) (십몇)−(몇)=(몇) 덧셈과 뺄셈의 관계 덧셈과 뺄셈의 활용	**세 자리 수의 덧셈과 뺄셈** 받아올림이 없는/있는 (세 자리 수)+(세 자리 수) 받아내림이 없는/있는 (세 자리 수)−(세 자리 수)	**곱셈과 나눗셈** (세 자리 수)×(몇십) (세 자리 수)×(두 자리 수) (두 자리 수)÷(두 자리 수) (세 자리 수)÷(두 자리 수) 곱셈과 나눗셈의 활용

이 책의 내용 2-3

덧셈식을 뺄셈식으로 나타내기

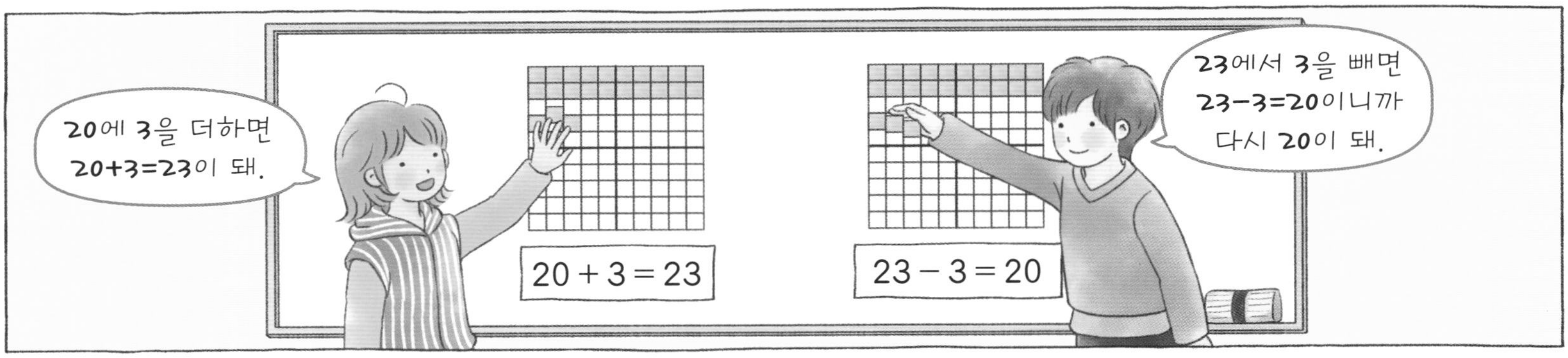

1 그림을 보고 구슬의 수를 덧셈식과 뺄셈식으로 나타내어 보세요.

1)

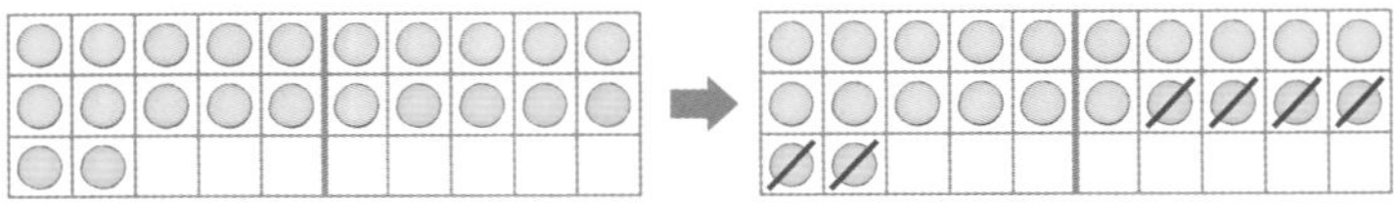

16 + 6 = _____ 22 − ___ = _____

2)

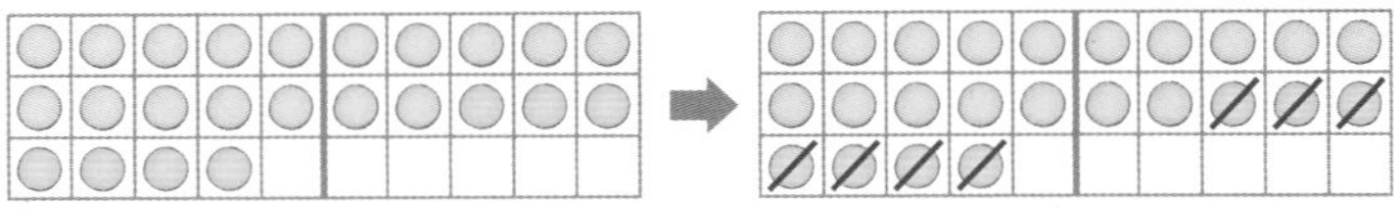

17 + 7 = _____ _____ − ___ = _____

2 빈칸에 알맞은 수를 써넣어 덧셈식과 뺄셈식을 완성하세요.

1) 24 + ___ = 27

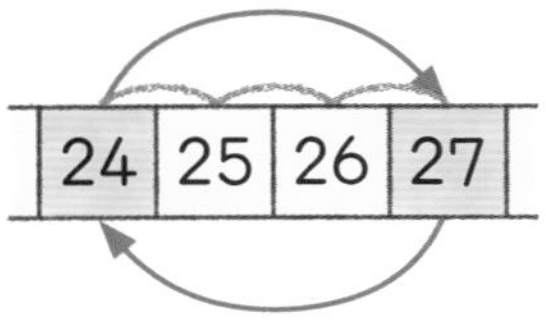

27 − ___ = 24

2) 38 + ___ = 42

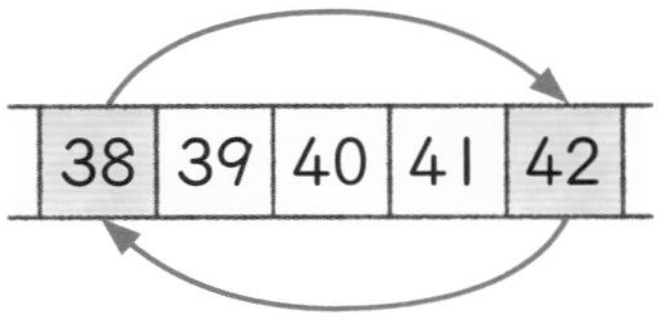

_____ − ___ = _____

3) 43 + ___ = 52

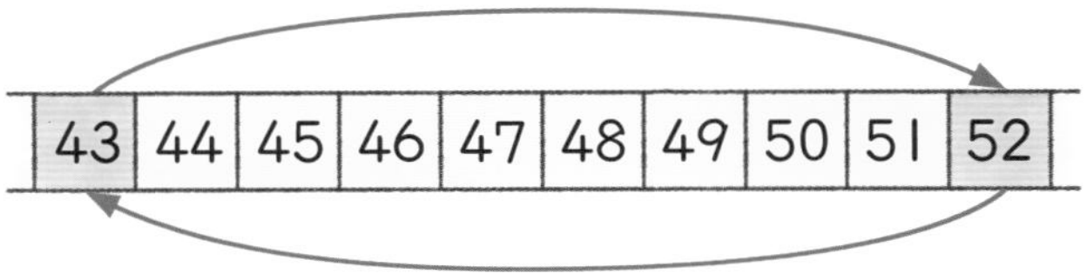

_____ − ___ = _____

3 색칠한 칸의 수를 덧셈식으로 나타내고, □의 수를 뺄셈식으로 나타내어 보세요.

1)

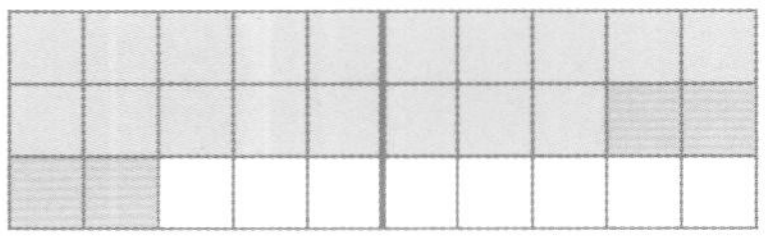

색칠한 칸의 수 / □의 수

18 + 4 = 22 ➡ 22 − 4 = _____

2)

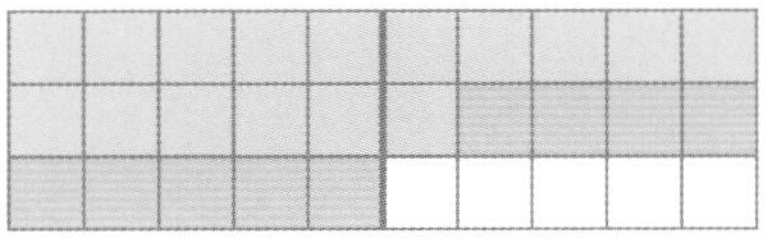

색칠한 칸의 수 / □의 수

16 + 9 = _____ ➡ _____ − ___ = _____

3)

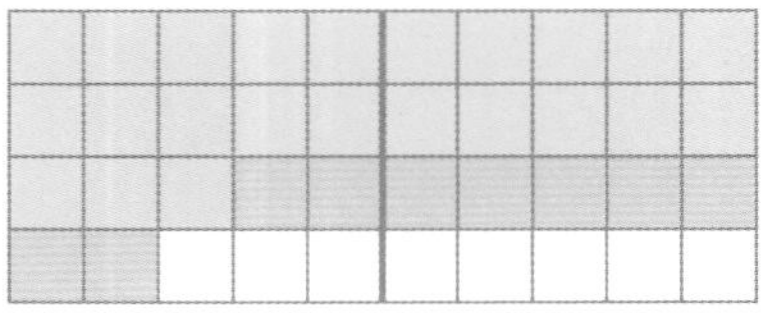

색칠한 칸의 수 / □의 수

23 + 9 = _____ ➡ _____ − ___ = _____

4)

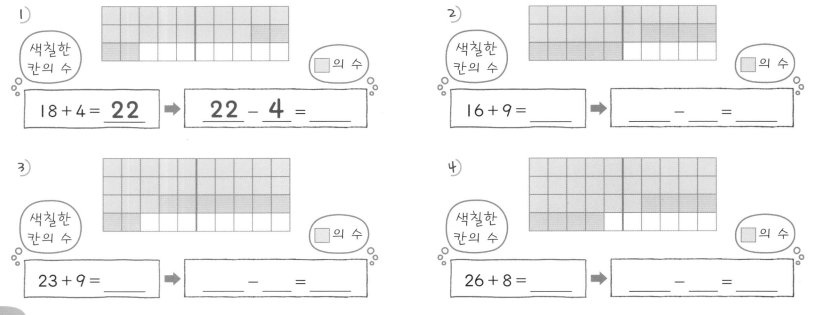

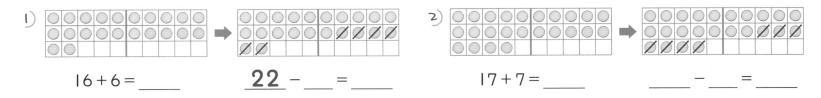

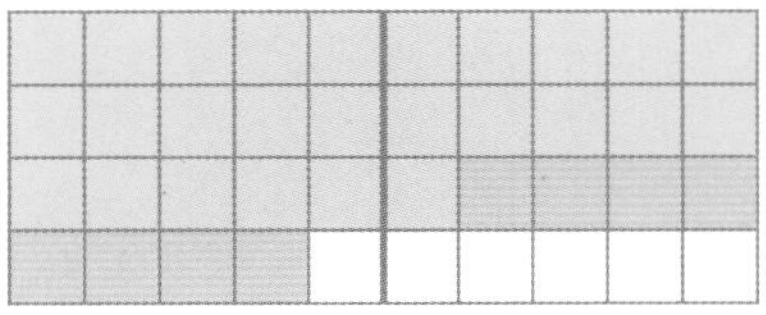

색칠한 칸의 수 / □의 수

26 + 8 = _____ ➡ _____ − ___ = _____

뺄셈식을 덧셈식으로 나타내기

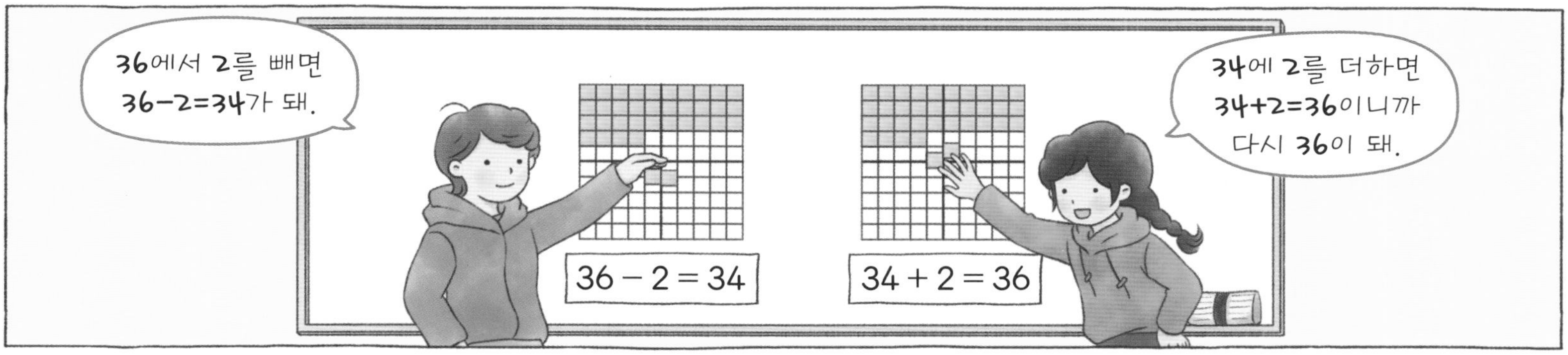

1 /으로 지우거나 ○를 그려서 뺄셈식과 덧셈식을 완성하세요.

1)

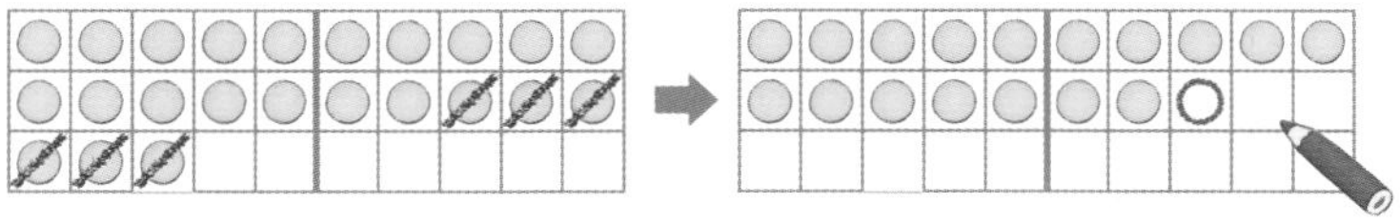

23 − 6 = _____ → _____ + 6 = _____

2)

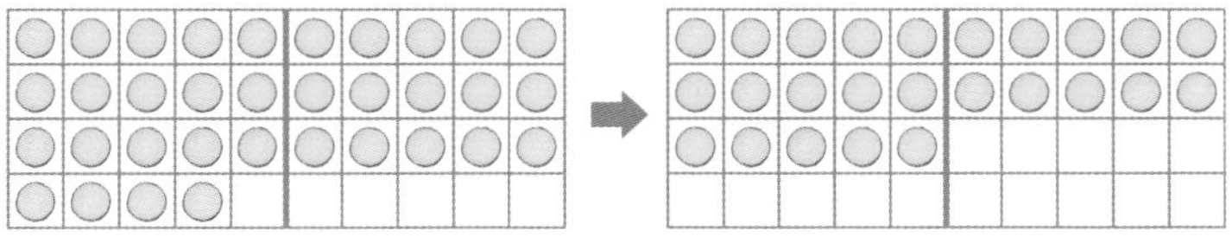

34 − 9 = _____ → _____ + 9 = _____

2 빈칸에 알맞은 수를 써넣어 뺄셈식과 덧셈식을 완성하세요.

1) 32 − ___ = 28

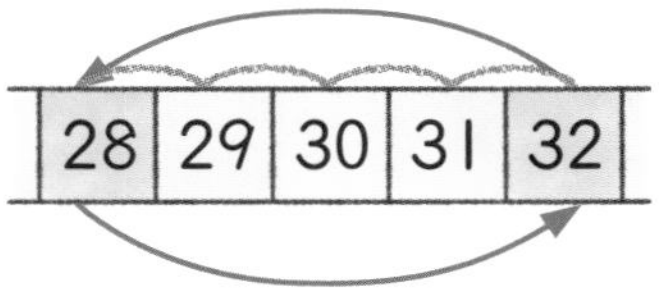

28 + ___ = 32

2) 62 − ___ = 57

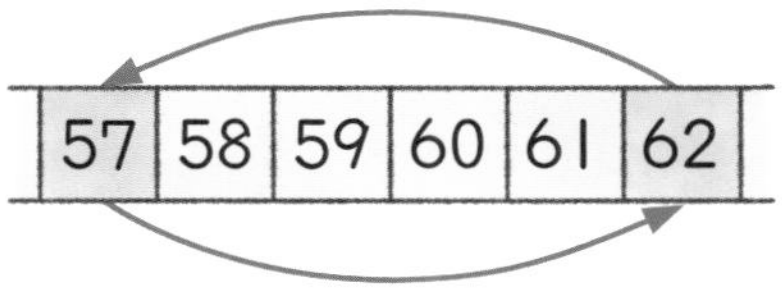

_____ + ___ = _____

3) _____ − ___ = 35

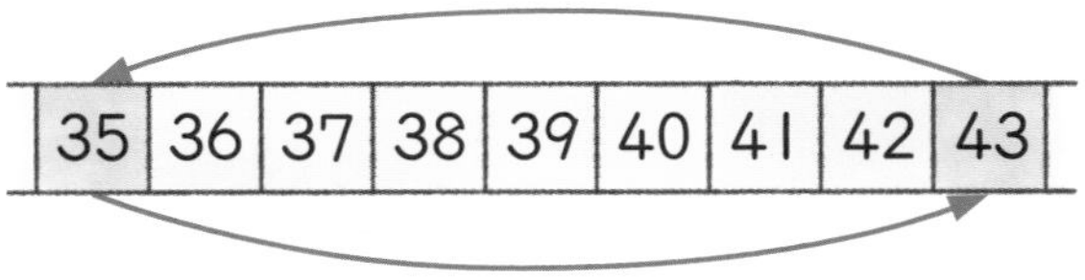

_____ + ___ = _____

3 /으로 지워서 뺄셈을 하고, 덧셈식으로 처음 □의 수를 나타내어 보세요.

1)

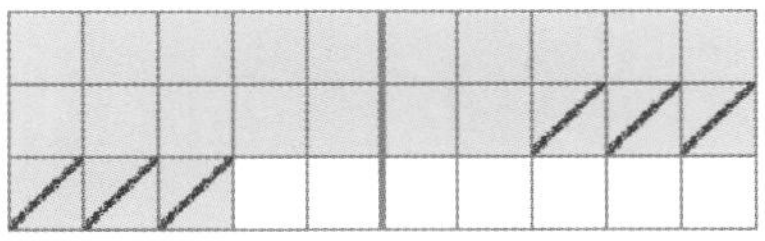

남은 □의 수 / 처음 □의 수

23 − 6 = 17 → 17 + 6 = _____

2)

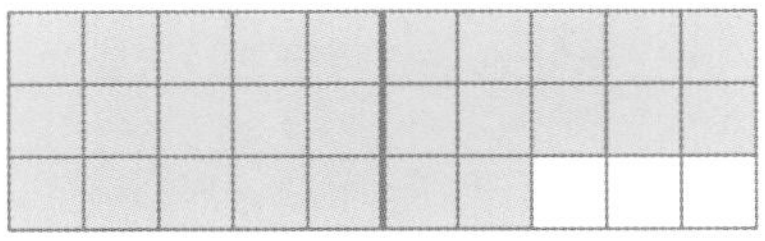

남은 □의 수 / 처음 □의 수

27 − 8 = _____ → _____ + _____ = _____

3)

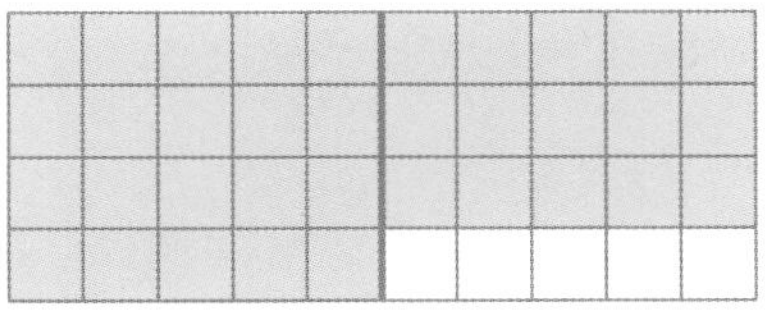

남은 □의 수 / 처음 □의 수

35 − 6 = _____ → _____ + _____ = _____

4)

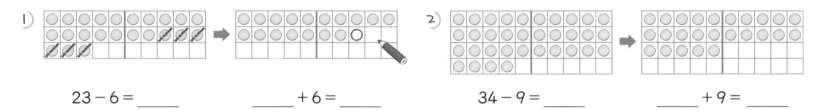

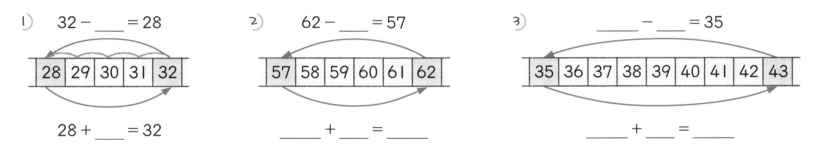

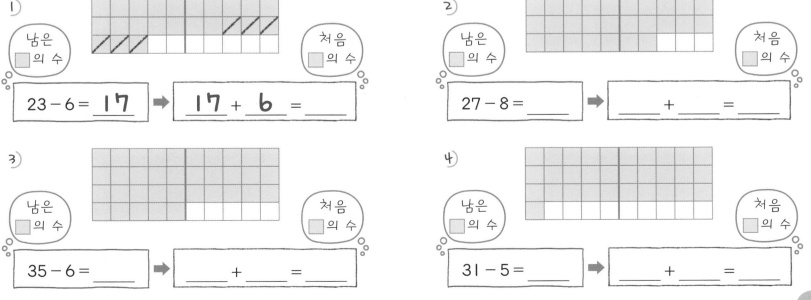

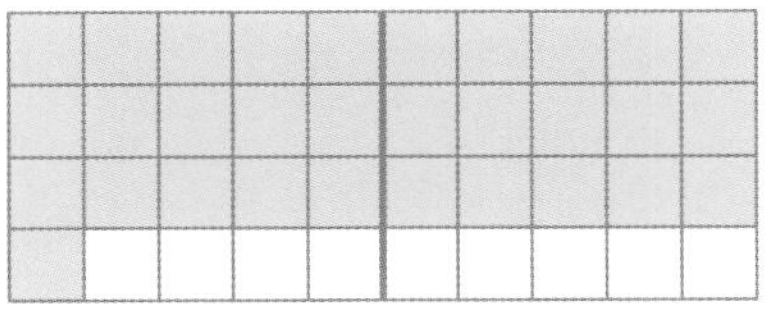

남은 □의 수 / 처음 □의 수

31 − 5 = _____ → _____ + _____ = _____

덧셈과 뺄셈의 관계

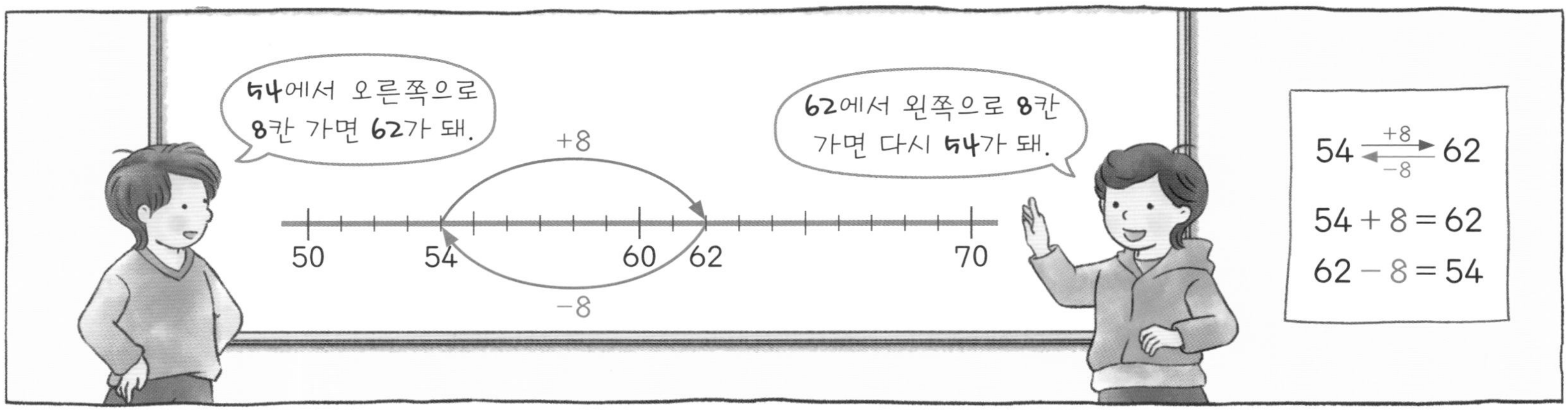

1

1) 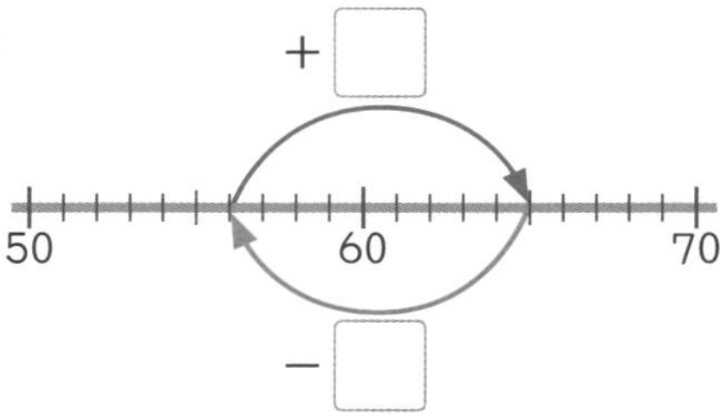

56 + ___ = 65
65 − ___ = 56

2) 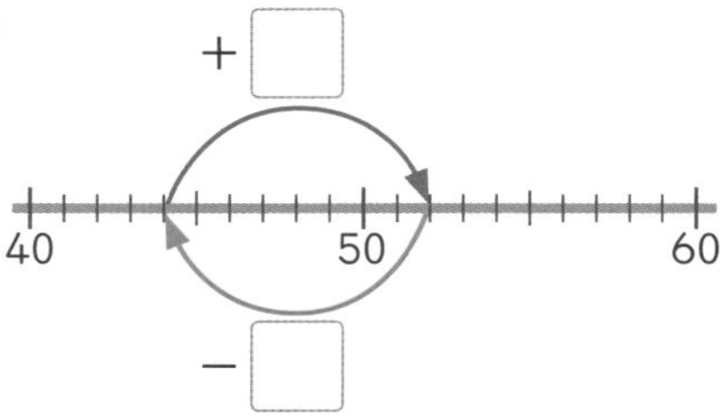

44 + ___ = ___
___ − ___ = 44

3) 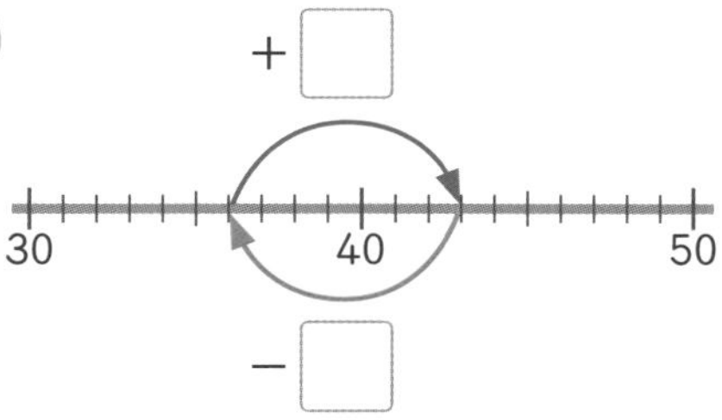

36 + ___ = ___
___ − ___ = ___

2

1) 37 ⇄ (+4 / −4) □

37 + 4 = ___
41 − 4 = ___

2) 78 ⇄ (+5 / □) □

___ + ___ = ___
___ − ___ = ___

3) 26 ⇄ (□ / −6) □

___ + ___ = ___
___ − ___ = ___

4) □ ⇄ (+9 / −9) 31

___ + ___ = ___
___ − ___ = ___

3 그림을 보고 덧셈식과 뺄셈식을 완성해 보세요.

1) 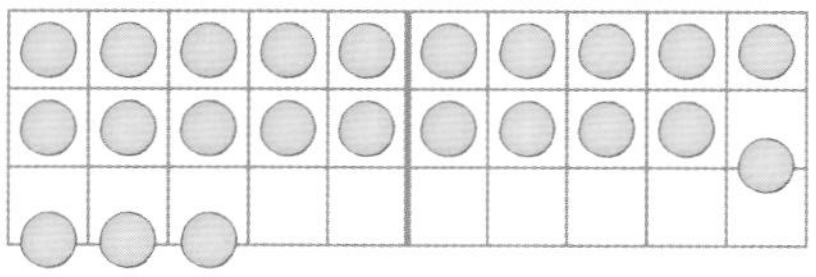

19 + 4 = ___
___ − 4 = 19

2) 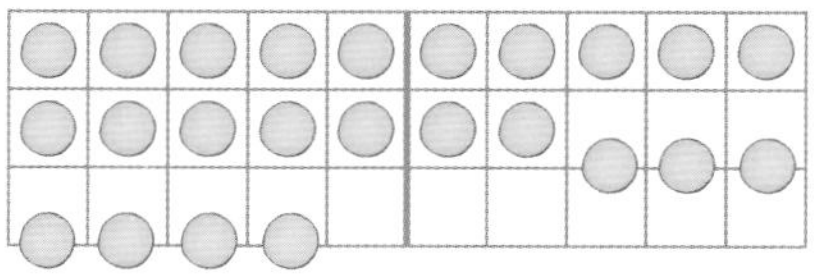

24 − ___ = 17
17 + ___ = 24

3) 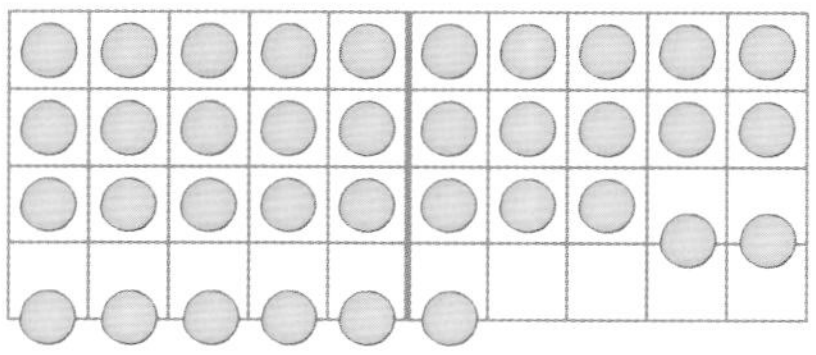

___ + ___ = ___
___ − ___ = ___

4) 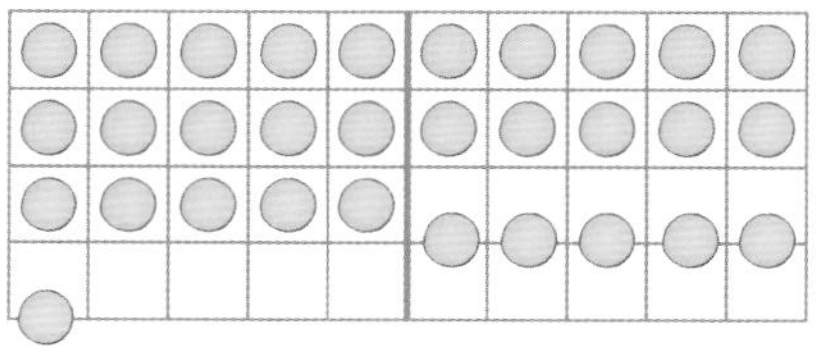

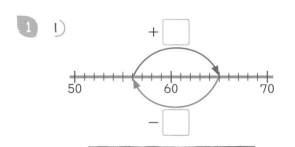

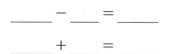

___ − ___ = ___
___ + ___ = ___

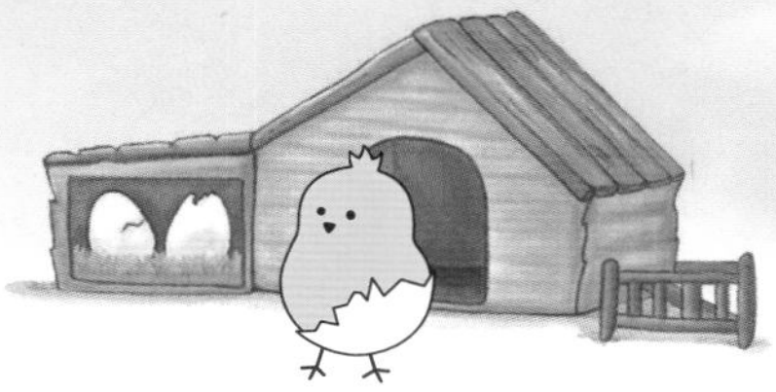

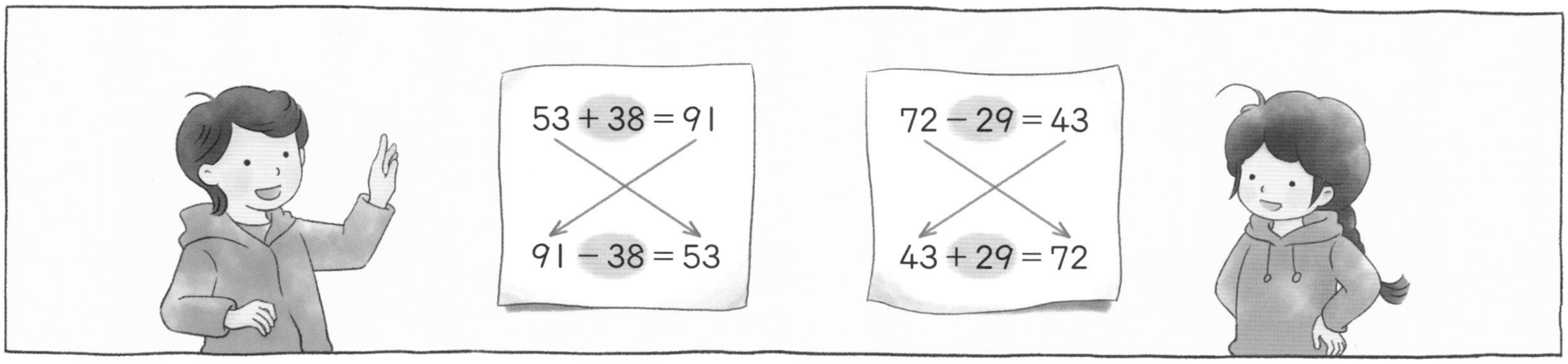

1 칸을 색칠하거나 /으로 지워서 알맞은 식을 완성해 보세요.

1) 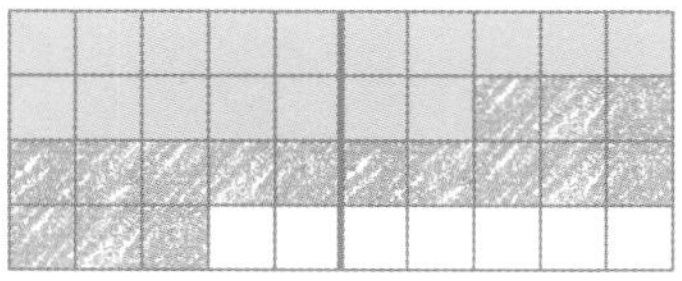

17 + 16 = ____

____ − 16 = 17

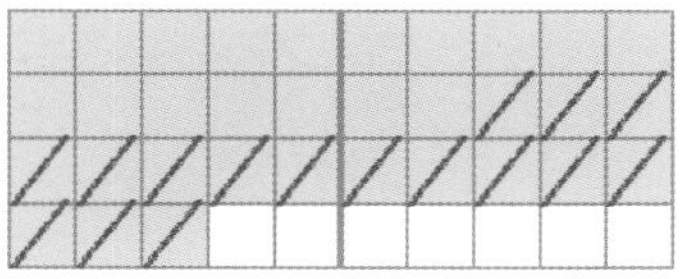

2) 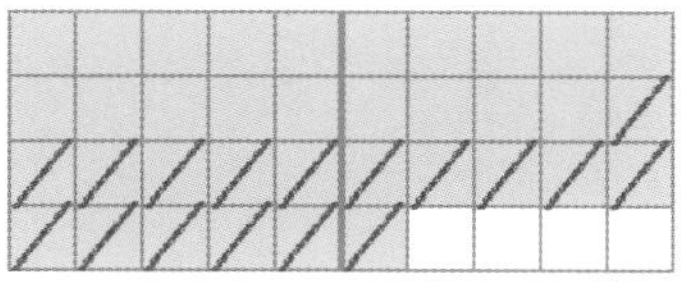

____ − 17 = ____

____ + 17 = ____

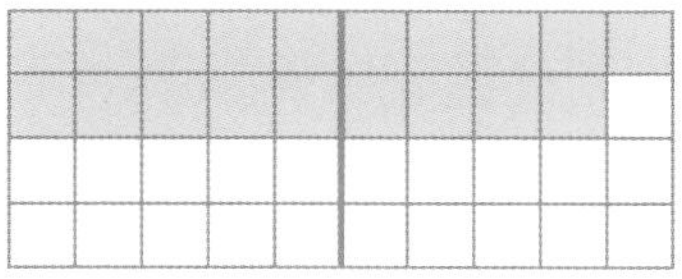

3) 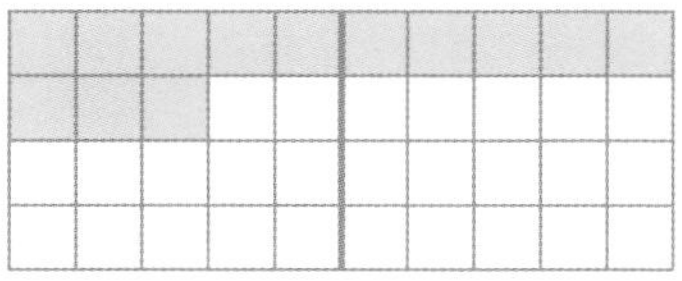

____ + 18 = ____

____ − 18 = ____

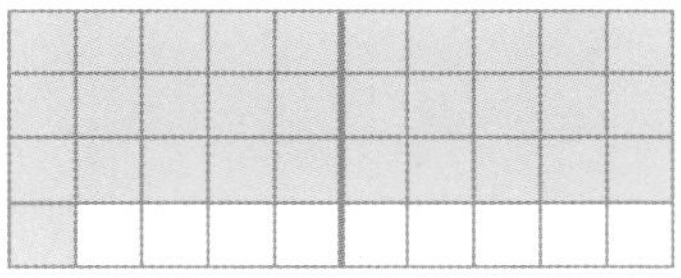

4) 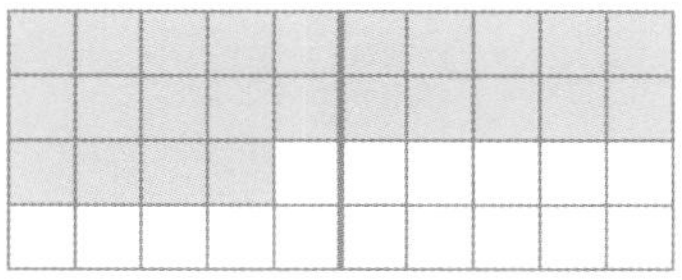

____ − 19 = ____

____ + 19 = ____

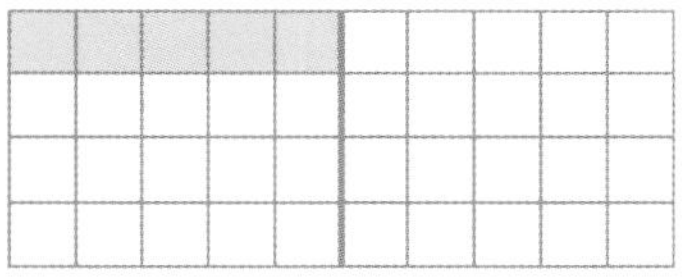

2

1) 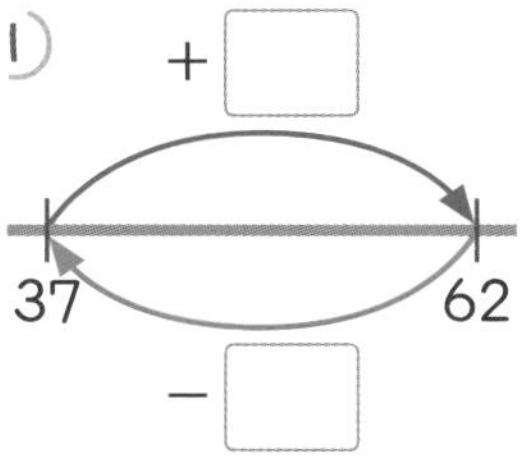

37 + ____ = 62

62 − ____ = 37

2) 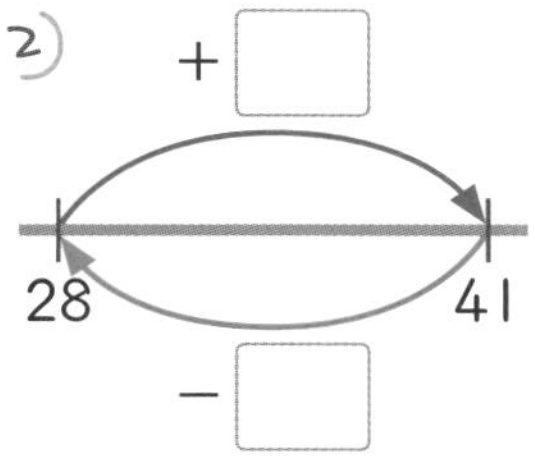

28 + ____ = 41

41 − ____ = 28

3) 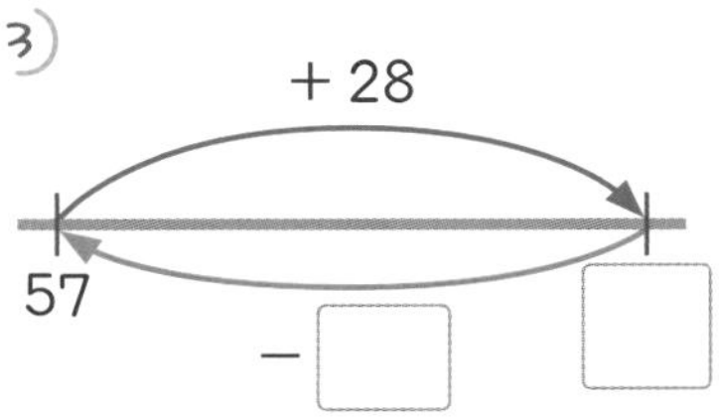

____ + ____ = ____

____ − ____ = ____

4) 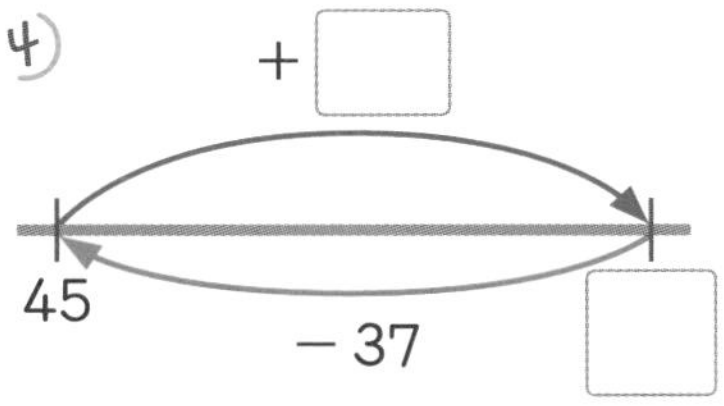

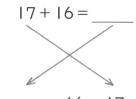

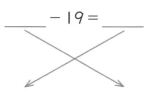

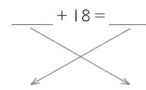

____ + ____ = ____

____ − ____ = ____

3

1) 42 + 39 = ____

____ − ____ = 42

2) 58 + 15 = ____

____ − ____ = 58

3) 71 − 24 = ____

____ + ____ = 71

4) 82 − 46 = ____

____ + ____ = 82

덧셈과 뺄셈의 관계 활용하기

35 + 7 = 42이면
42 − 7 = 35입니다.

42 − 7 = 35이면
35 + 7 = 42입니다.

덧셈식을 뺄셈식으로, 뺄셈식을 덧셈식으로 나타내어 계산해 보면 계산 결과가 맞는지 확인할 수 있어.

1 덧셈식은 뺄셈식으로, 뺄셈식은 덧셈식으로 나타내어 계산해 보고 계산 결과가 옳은지 확인해 보세요.

1) 26 − 8 = _____
↓
_____ + 8 = _____

2) 75 + 6 = _____
↓
_____ − 6 = _____

3) 53 − 19 = _____
↓
_____ + 19 = _____

4) 48 + 15 = _____
↓
_____ − 15 = _____

5) 92 − 24 = _____
↓
_____ + 24 = _____

6) 37 + 36 = _____
↓
_____ − 36 = _____

2 뺄셈식을 이용하여 □의 값을 구하고, 덧셈식으로 확인해 보세요.

1) 62 / 47 / □

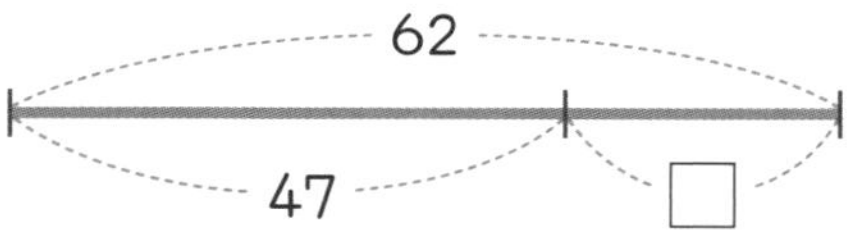

뺄셈식 62−47=15

덧셈식 15+47=

2) 42 / □ / 13

뺄셈식 _____

덧셈식 _____

3) 85 / 26 / □

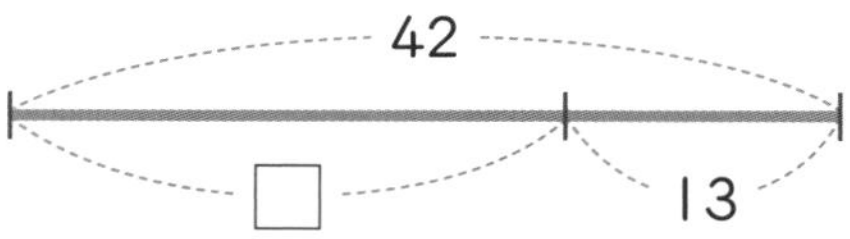

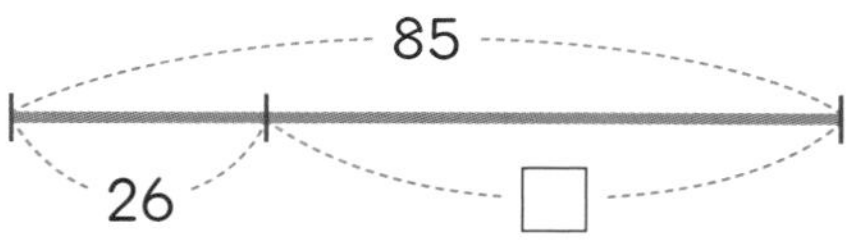

뺄셈식 _____

덧셈식 _____

3 덧셈과 뺄셈의 관계를 이용하여 계산 결과를 확인해 보고 알맞은 말에 ✓표 하세요.

1) 24+17=5|이야.
☐ 맞다
☐ 틀리다

_____ − 17 = _____

2) 45−16=29야.
☐ 맞다
☐ 틀리다

_____ + 16 = _____

3) 52−18=34야.
☐ 맞다
☐ 틀리다

_____ + _____ = _____

4) 69+22=8|이야.
☐ 맞다
☐ 틀리다

_____ − _____ = _____

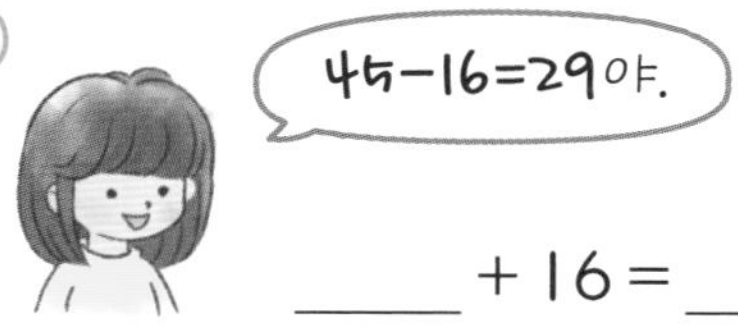

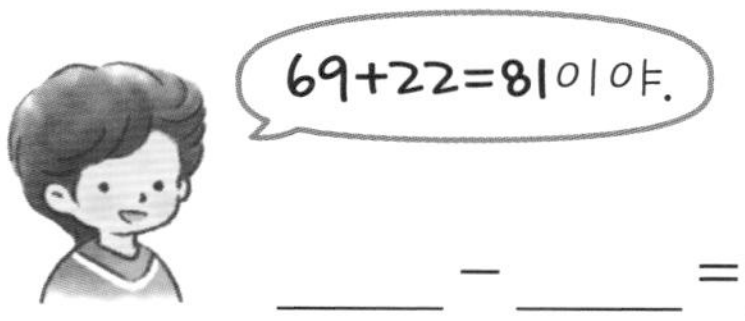

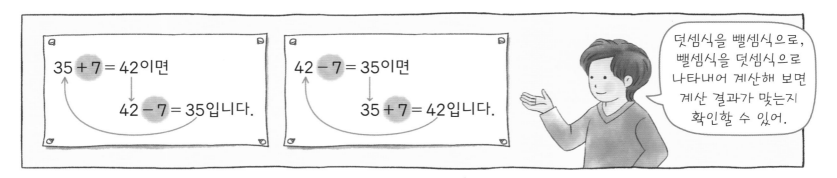

덧셈과 뺄셈의 관계 활용하기

4 덧셈 또는 뺄셈을 하고, 오른쪽에서 관계있는 식을 찾아 바르게 계산했는지 확인해 보세요.

62 − 5 = 57	17 + 37 = ____
53 + 9 = ____	92 − 19 = ____
41 − 15 = ____	46 + 28 = ____
36 + 25 = ____	57 − 19 = ____

38 + 19 = 57		73 + 19 = 92	
54 − 37 = 17		26 + 15 = 41	
61 − 25 = 36		57 + 5 = 62	V
74 − 28 = 46		62 − 9 = 53	

5 이어서 계산할 때 마지막 계산 결과가 얼마일지 구하고 그 방법을 이야기해 보세요.

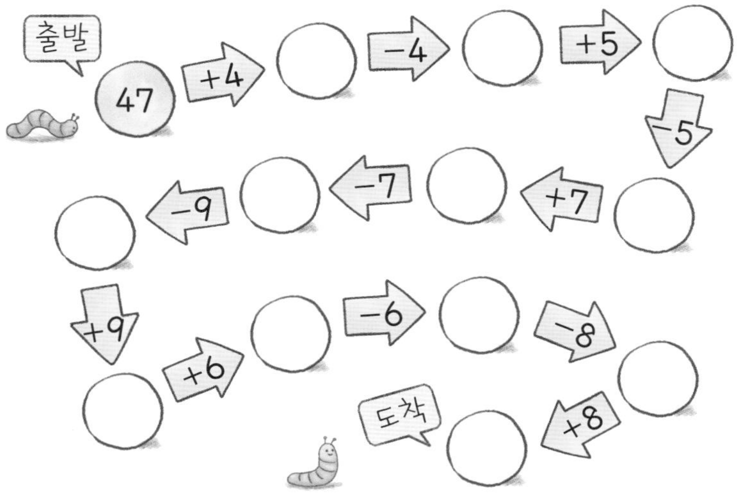

6 관계있는 식을 찾아 같은 색으로 칠하고, 남은 식에 ×표 하세요.

74 − 25 = 49

39 + 25 = 64

25 + 56 = 81

84 − 59 = 25

81 − 56 = 25

49 + 25 = 74

84 − 45 = 39

64 − 25 = 39

25 + 59 = 84

7 주어진 식을 계산하고 덧셈식은 뺄셈식으로, 뺄셈식은 덧셈식으로 나타내어 확인해 보세요.

1) 15 + 38 = ____ ➡ ____________

2) 28 + 43 = ____ ➡ ____________

3) 82 − 26 = ____ ➡ ____________

4) 71 − 33 = ____ ➡ ____________

8 관계있는 식끼리 이어 보세요.

1)

35 + 8 　 57 + 7 　 72 − 18

54 + 18 　 43 − 8 　 64 − 7

2)

63 − 26 　 46 + 5 　 36 − 8

51 − 5 　 28 + 8 　 37 + 26

덧셈식을 뺄셈식으로 나타내기

빨간 꽃 15송이와 노란 꽃 6송이가 있어. 꽃은 모두 21송이야.

전체에서 빨간 꽃의 수를 빼면 노란 꽃의 수가 되고, 전체에서 노란 꽃의 수를 빼면 빨간 꽃의 수가 돼.

$$15 + 6 = 21 \quad \begin{cases} 21 - 15 = 6 \\ 21 - 6 = 15 \end{cases}$$

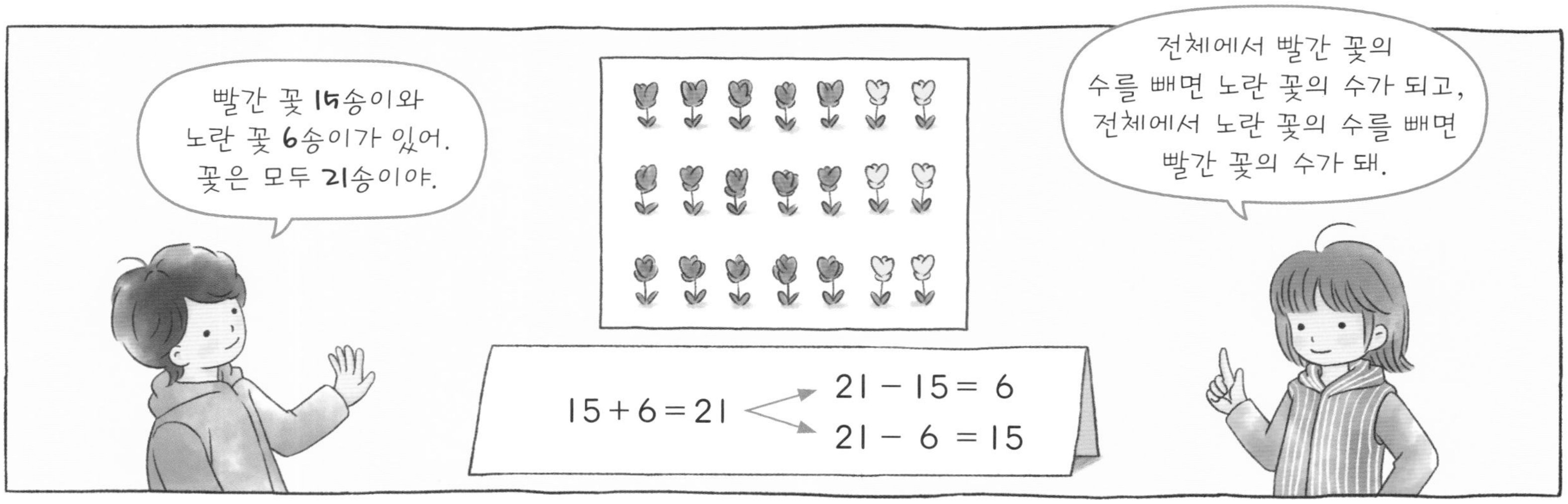

1 전체 구슬의 수를 덧셈식으로 나타내고, 하늘색과 주황색 구슬의 수를 각각 뺄셈식으로 나타내어 보세요.

1)

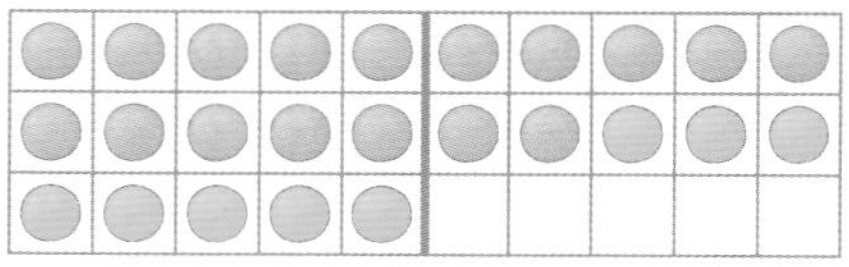

$$17 + \underline{\quad} = 25 \quad \begin{cases} 25 - \underline{\quad} = \underline{\quad} & \text{주황색 구슬의 수} \\ 25 - \underline{\quad} = \underline{\quad} & \text{하늘색 구슬의 수} \end{cases}$$

전체 구슬의 수

2)

$$15 + \underline{\quad} = 21 \quad \begin{cases} \underline{\quad} - \underline{\quad} = \underline{\quad} \\ \underline{\quad} - \underline{\quad} = \underline{\quad} \end{cases}$$

2 그림에 맞는 덧셈식을 완성하고, 뺄셈식으로 나타내어 보세요.

1)

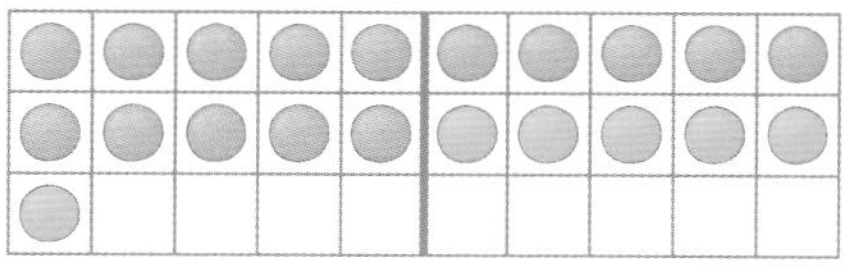

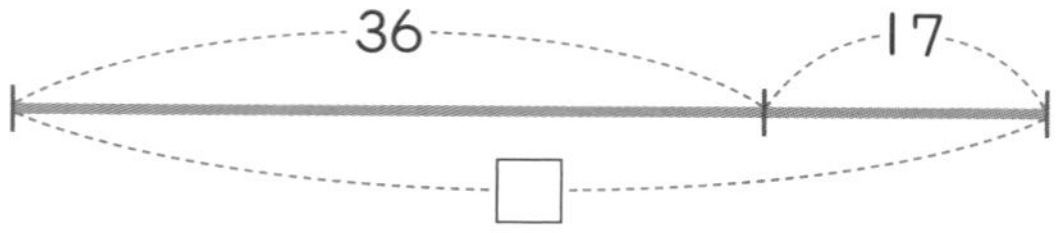

36   17

□

$$36 + 17 = \underline{\quad} \quad \begin{cases} \underline{\quad} - \underline{\quad} = \underline{\quad} \\ \underline{\quad} - \underline{\quad} = \underline{\quad} \end{cases}$$

2)

23   38

□

$$23 + 38 = \underline{\quad} \quad \begin{cases} \underline{\quad} - \underline{\quad} = \underline{\quad} \\ \underline{\quad} - \underline{\quad} = \underline{\quad} \end{cases}$$

3 덧셈식을 뺄셈식으로 나타내어 보세요.

1)

34 + 16 = 50

$$\underline{\quad} - \underline{\quad} = \underline{\quad}$$
$$\underline{\quad} - \underline{\quad} = \underline{\quad}$$

2)

35 + 28 = 63

$$\underline{\quad} - \underline{\quad} = \underline{\quad}$$
$$\underline{\quad} - \underline{\quad} = \underline{\quad}$$

3)

19 + 63 = 82

$$\underline{\quad} - \underline{\quad} = \underline{\quad}$$
$$\underline{\quad} - \underline{\quad} = \underline{\quad}$$

4)

47 + 17 = 64

$$\underline{\quad} - \underline{\quad} = \underline{\quad}$$
$$\underline{\quad} - \underline{\quad} = \underline{\quad}$$

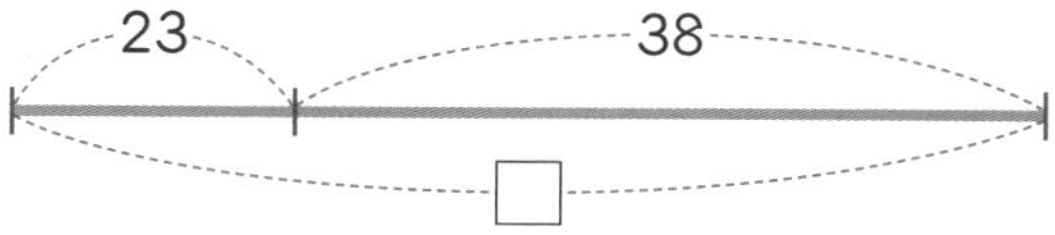

뺄셈식을 덧셈식으로 나타내기

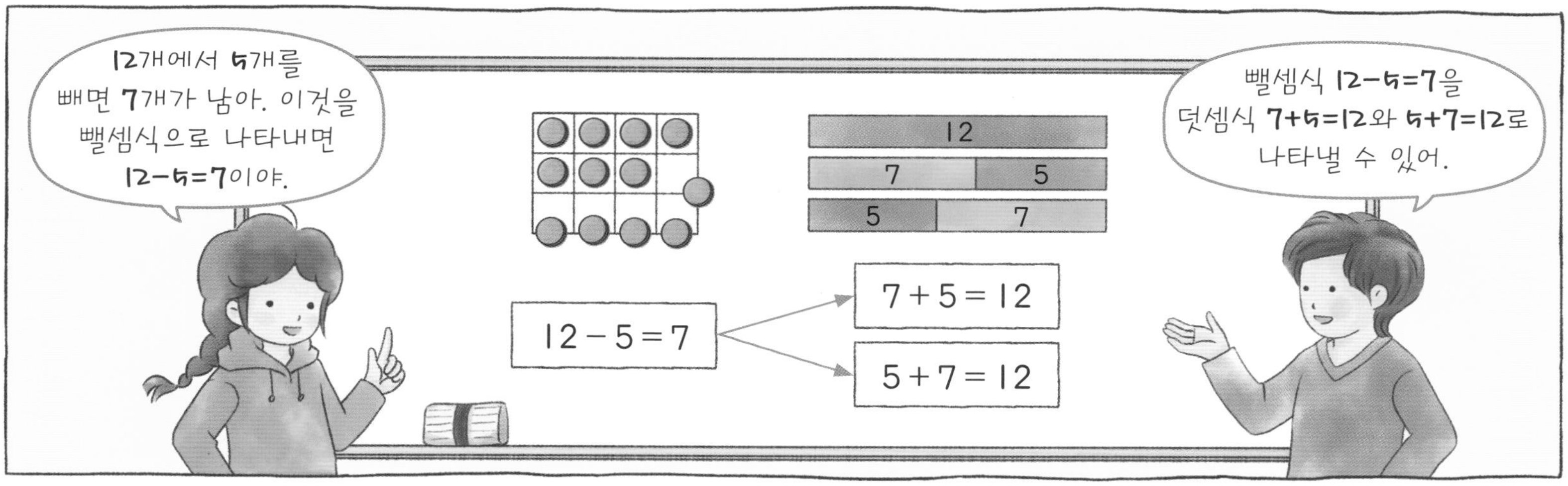

12개에서 5개를 빼면 7개가 남아. 이것을 뺄셈식으로 나타내면 12−5=7이야.
12
7
5
5
7
12 − 5 = 7
7 + 5 = 12
5 + 7 = 12
뺄셈식 12−5=7을 덧셈식 7+5=12와 5+7=12로 나타낼 수 있어.

1 연두색 구슬의 수를 뺄셈식으로 나타내고, 전체 구슬의 수를 덧셈식으로 나타내어 보세요.

1)

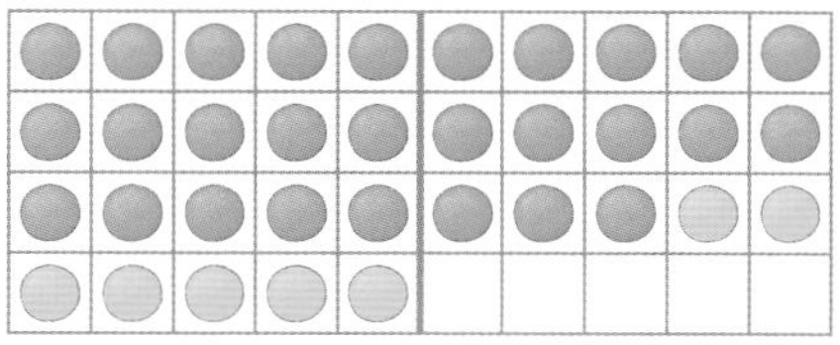

35 − 7 = ____ (연두색 구슬의 수)

____ + 7 = 35 (전체 구슬의 수)

7 + ____ = 35

2)

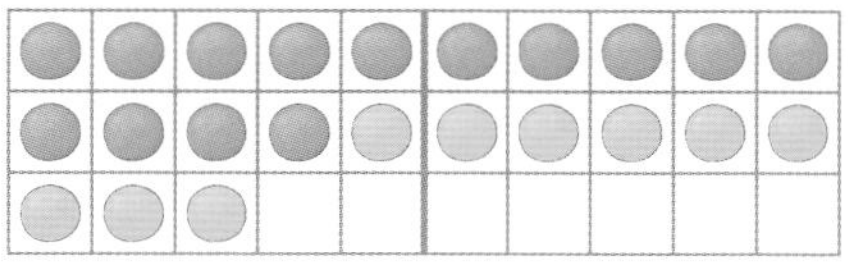

23 − ___ = ____

____ + ____ = 23

____ + ____ = 23

2 그림에 맞는 뺄셈식을 완성하고, 덧셈식으로 나타내어 보세요.

1)

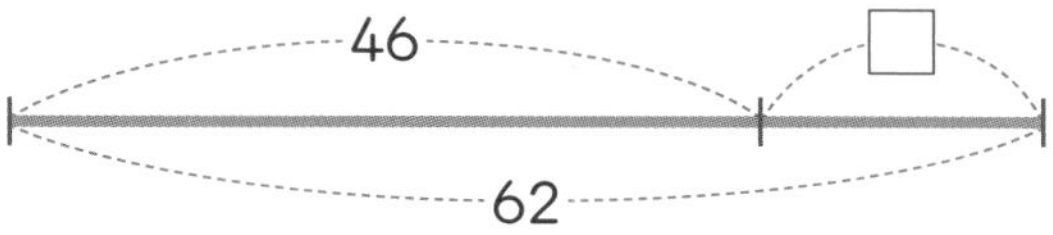

46
62

62 − 46 = ____

____ + ____ = ____

____ + ____ = ____

2)

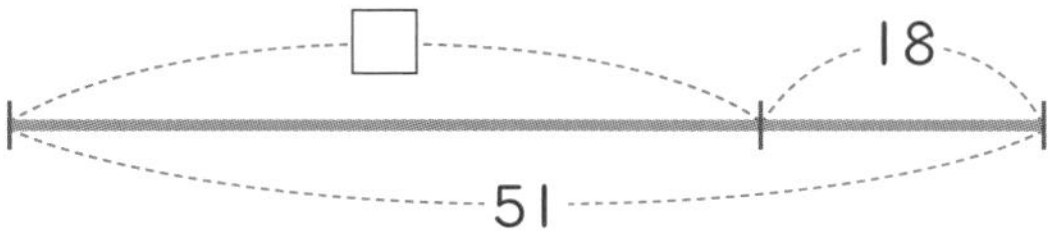

18
51

51 − 18 = ____

____ + ____ = ____

____ + ____ = ____

3 뺄셈식을 덧셈식으로 나타내어 보세요.

1) 32 − 17 = 15

____ + ____ = ____

____ + ____ = ____

2) 53 − 26 = 27

____ + ____ = ____

____ + ____ = ____

3) 41 − 13 = 28

____ + ____ = ____

____ + ____ = ____

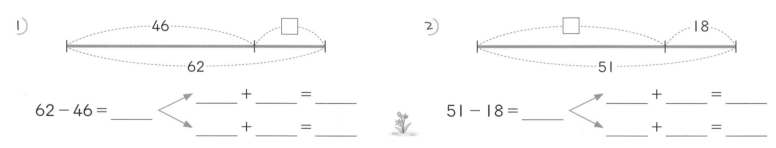

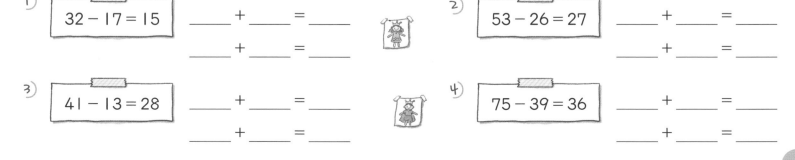

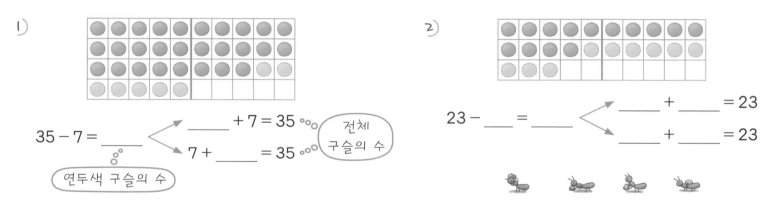

4) 75 − 39 = 36

____ + ____ = ____

____ + ____ = ____

EGG 덧셈식과 뺄셈식 만들기

1 수 카드 3장을 한 번씩 사용하여 만들 수 있는 덧셈식과 뺄셈식을 모두 써 보세요.

1) 38 5 43

38+5=43

5+38=

43-

43-

2) 24 27 51

2 주어진 식을 이용하여 만들 수 있는 덧셈식과 뺄셈식을 모두 써 보세요.

1) 15 + 26 = 41

2) 52 − 34 = ____

3 세 수를 이용하여 덧셈식과 뺄셈식을 만들려고 해요. □ 안에 들어갈 수 있는 수를 구하고, 만들 수 있는 덧셈식과 뺄셈식을 모두 써 보세요.

1) 28 65 □

28+65=

28 65 □

65−28=

2) 44 27 □

44+27=

44 27 □

44−27=

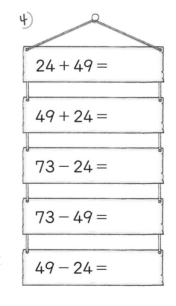

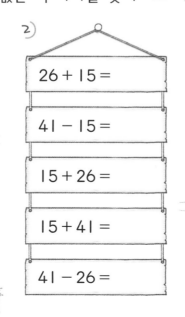

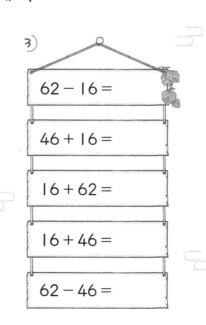

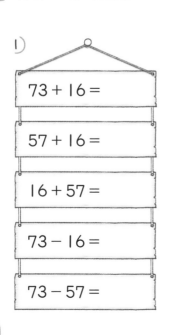

4 덧셈 또는 뺄셈을 하고 관계없는 식 하나를 찾아 ×표 하세요.

1)

73 + 16 =

57 + 16 =

16 + 57 =

73 − 16 =

73 − 57 =

2)

26 + 15 =

41 − 15 =

15 + 26 =

15 + 41 =

41 − 26 =

3)

62 − 16 =

46 + 16 =

16 + 62 =

16 + 46 =

62 − 46 =

4)

24 + 49 =

49 + 24 =

73 − 24 =

73 − 49 =

49 − 24 =

덧셈식과 뺄셈식 만들기

5 덧셈식, 뺄셈식을 만들 수 있는 세 수를 찾아 ㄱ 또는 ㄴ 모양으로 묶고, 덧셈식과 뺄셈식을 모두 써 보세요.

1)

18	62	16
25	43	35
51	36	6

18+25=43

2)

43	34	7
19	17	35
16	25	52

3)

6	64	19
42	46	18
33	17	25

4)

33	62	17
19	26	37
24	45	15

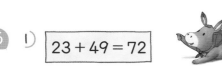

6

1) $23+49=72$

$49+23=72$ $72-23=49$ $72-49=23$

$49-23=26$ $49-26=23$ $26+23=49$

2) $38+53=91$

$53-15=38$ $91-53=38$ $53-38=15$

$53+38=91$ $91-38=53$ $38+15=53$

3) $63-15=48$

$63-48=15$ $48+15=63$ $48-15=33$

$15+48=63$ $33+15=48$ $15+33=48$

4) $52-19=33$

$33-17=16$ $19+33=52$ $17+16=33$

$52-33=19$ $52-16=36$ $33+19=52$

7 빈칸에 +, − 또는 알맞은 수를 넣어 덧셈식과 뺄셈식을 완성해 보세요.

1)

62	−	24	=	
−				+
38				24
=				=
		38	=	

2)

27	+	16	=	
				−
		27		16
		=		=
	=	43	−	

3)

55		55		26
−				+
26		29		29
=		=		=
	+	26	=	

규칙에 맞게 계산하기

1 규칙에 따라 빈칸에 알맞은 수를 써넣으세요.

규칙이 반복되도록 이어서 계산해 봐.

1)

규 칙	
-19	+18

 54　 35　 53　 34

2)

규 칙	
+17	-25

 73　 90

2 규칙을 찾아 빈칸을 알맞게 채워 보세요.

1)

규 칙	

 59　 74　 58　 73　 57

2)

규 칙	

 46　 18　 55　 27　 64

3 빈칸에 알맞은 수를 써넣으세요.

1) +15 ... -17

68　51
53　36

2) +16 ... -

49　35　21　7

3) + ... -13

95
59
41

4 짝이 되는 것끼리 퍼즐을 맞추면 두 수의 합 또는 차가 모두 같은 수가 돼요. 둘씩 짝을 지어 계산해 보고 알맞은 식을 써 보세요.

15　65　57　9　27　29　23　19

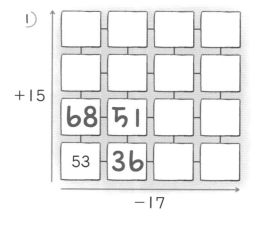

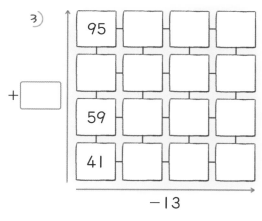

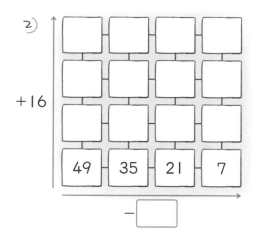

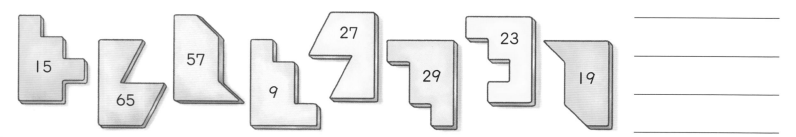

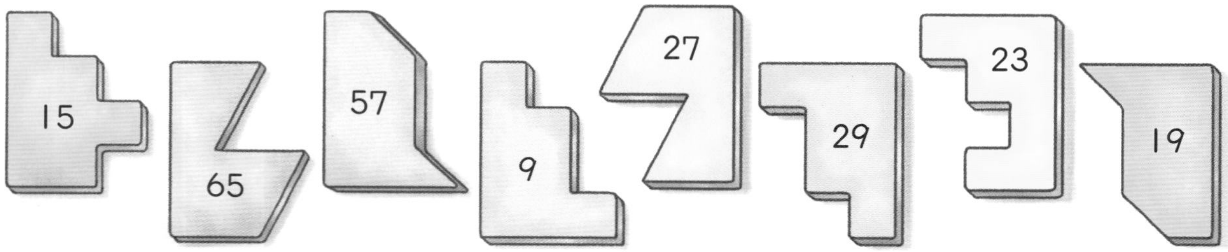

규칙에 맞게 계산하기

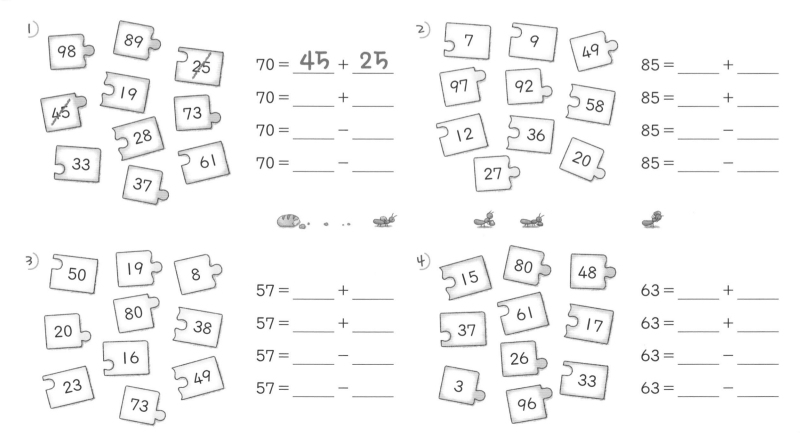

5 두 수의 합 또는 차가 ☐ 안의 수가 되도록 둘씩 선으로 이어 보세요.

1) [45] 9, 26, 19, 54

2) [56] 29, 71, 15, 27

3) [74] 49, 92, 25, 18

4) [37] 19, 62, 18, 25

6 가로 또는 세로 방향으로 이웃한 두 수의 합 또는 차가 카드에 적힌 수와 같은 것을 찾아 카드와 같은 색으로 칠해 보세요.

1) 카드: 47, 63, 35, 79

29	43	57	75
18	11	38	25
34	90	28	67
84	62	27	31

2) 카드: 56, 39, 48, 82

54	18	23	62
81	38	27	32
29	19	94	54
46	36	99	73

7 카드를 한 번씩 사용하여 두 수의 합 또는 차가 주어진 수가 되는 식을 만들어 보세요.

1) 카드: 98, 89, ~~25~~, 19, ~~45~~, 73, 28, 33, 61, 37

70 = 45 + 25

70 = ___ + ___

70 = ___ − ___

70 = ___ − ___

2) 카드: 7, 9, 49, 97, 92, 58, 12, 36, 27, 20

85 = ___ + ___

85 = ___ + ___

85 = ___ − ___

85 = ___ − ___

3) 카드: 50, 19, 8, 80, 20, 38, 16, 23, 49, 73

57 = ___ + ___

57 = ___ + ___

57 = ___ − ___

57 = ___ − ___

4) 카드: 15, 80, 48, 61, 37, 17, 26, 33, 3, 96

63 = ___ + ___

63 = ___ + ___

63 = ___ − ___

63 = ___ − ___

EGG

덧셈과 뺄셈

1 옳은 식이 되도록 선으로 이어 보세요.

56	−17	=82
71	−25	=46
93	+39	=88
49	+26	=76

2 주어진 수를 한 번씩 사용하여 식을 바르게 완성하세요.

1) 8, 16, 19, 24, 34, 41

_____ + _____ < 40

_____ + _____ = 40

_____ + _____ > 40

2) 16, 26, 28, 34, 39, 92

_____ + _____ < 55

_____ + _____ = 55

_____ + _____ > 55

3 수 카드 2장을 골라 두 수의 합과 차를 구할 때 나올 수 없는 수를 모두 찾아 ×표 하세요.

1) 28, 39, 62

34	84	67
90	101	76
94	11	23

2) 19, 46, 54

14	32	100
35	73	27
8	65	16

3) 34, 57, 71

23	105	14
47	24	128
37	111	91

4) 26, 45, 83

19	112	38
67	61	57
71	109	128

4 숫자 카드 4장을 모두 사용하여 두 자리 수끼리의 덧셈식과 뺄셈식을 만들려고 해요. 합이 가장 큰 식과 차가 가장 작은 식을 만들고 계산해 보세요.

1) 4, 0, 7, 9

합이 가장 큰 식

		9	4	
	+	7	0	
	1	6	4	

차가 가장 작은 식

2) 2, 5, 3, 8

합이 가장 큰 식

차가 가장 작은 식

3) 3, 0, 2, 6

합이 가장 큰 식

차가 가장 작은 식

4) 1, 6, 7, 8

합이 가장 큰 식

차가 가장 작은 식

5 계산 결과가 같아지도록 ◯ 안에 + 또는 −를 알맞게 써넣으세요.

1)

2)

3)
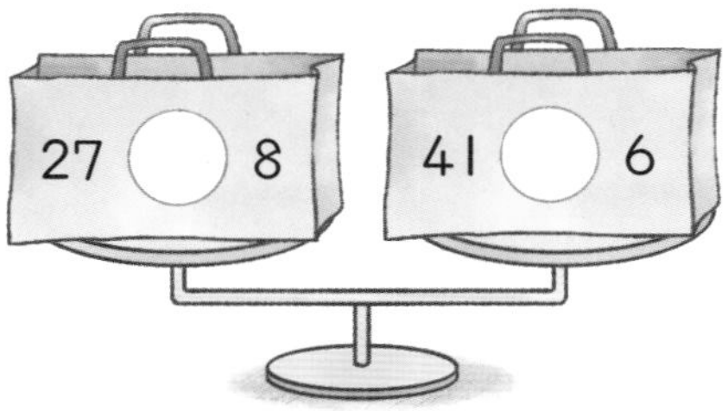

6 합 또는 차가 ◯ 안의 수가 되는 두 수를 찾아 색칠해 보세요.

1) 63

37	25	92
81	18	43

2) 57

87	24	74
38	28	29

3) 43

28	81	91
37	25	38

4) 28

64	49	82
9	26	36

5) 52

38	73	89
71	36	19

6) 65

92	39	37
26	74	43

7) 49

60	45	36
34	73	11

8) 36

64	19	17
95	29	38

7 가로 또는 세로 방향으로 나란히 놓인 세 수가 덧셈식 또는 뺄셈식이 되는 경우를 모두 찾아 ◯표 하고, 식으로 나타내어 보세요.

37 +	15 =	52	92 −	74	16	27
5	60	77	35 =	64	21	49
48	13	38	57	17	3	28
19	47	39	28	81	7	34
29	83	24	9	36	45	62

3 7 + 1 5 = 5 2

9 2 − 3 5 =

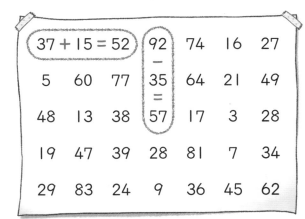

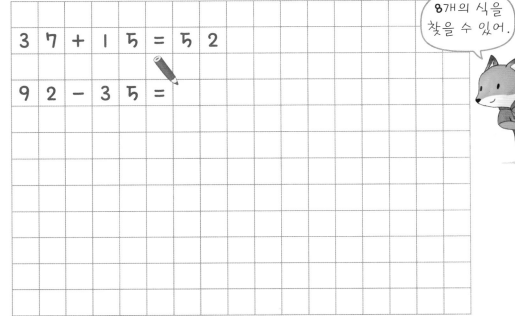

덧셈과 뺄셈

1 ○ 안에 >, =, <를 알맞게 써넣으세요.

1) 62 + 18 ○ 94 − 16
52 − 24 ○ 18 + 17
36 + 28 ○ 81 − 23

2) 27 + 17 ○ 61 − 28
19 + 28 ○ 92 − 45
74 − 25 ○ 34 + 17

3) 82 − 28 ○ 27 + 27
44 + 38 ○ 52 + 29
90 − 32 ○ 72 − 16

2 수 카드 2장을 골라 두 수의 합 또는 차가 가장 큰 수와 가장 작은 수가 되는 식을 각각 만들어 보세요.

1) 25 37 74

가장 큰 수 ____________

가장 작은 수 ____________

2) 52 39 68

가장 큰 수 ____________

가장 작은 수 ____________

3 계산 결과가 작은 것부터 차례대로 점을 이어서 그림을 완성하세요.

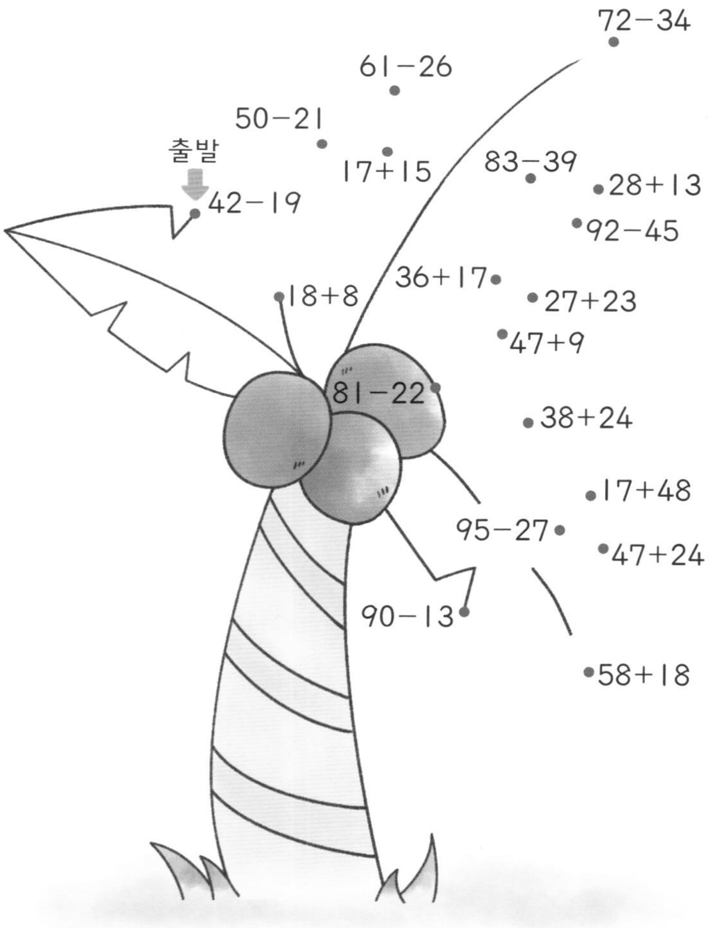

4 옳은 식이 되도록 선으로 잇고 식을 써 보세요.

1)

75	+	33
−	8	=
38	=	37

식 ____________

2)

44	−	36
+	29	=
38	=	73

식 ____________

3)

26	+	58
−	48	=
19	=	84

식 ____________

4)

62	−	28
+	16	=
14	=	46

식 ____________

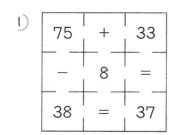

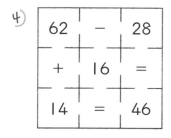

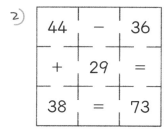

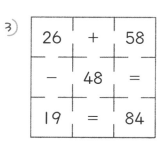

5 친구가 말한 수는 각자 잡고 있는 풍선에 적힌 두 수의 합 또는 차예요. 알맞은 풍선을 찾아 친구와 이어 보세요.

6 ○ 안에 +, −, =를 알맞게 써넣으세요.

1) 43 ○ 18 ○ 25

2) 57 ○ 28 ○ 85

3) 39 ○ 18 ○ 57

4) 37 ○ 15 = 71 ○ 19

5) 61 ○ 19 = 26 ○ 16

7 합 또는 차가 □ 안의 수가 되는 두 수를 찾아 색칠하고 식으로 나타내어 보세요.

1) 54 / 28 16 38

식 ____________

2) 62 / 25 37 81

식 ____________

3) 75 / 16 47 91

식 ____________

4) 47 / 18 29 53

식 ____________

5) 38 / 27 37 65

식 ____________

6) 43 / 28 67 71

식 ____________

8 이웃한 두 수의 합 또는 차가 □ 안의 수가 되는 것을 모두 찾아 ○표 하고, 식으로 나타내어 보세요.

1) 34

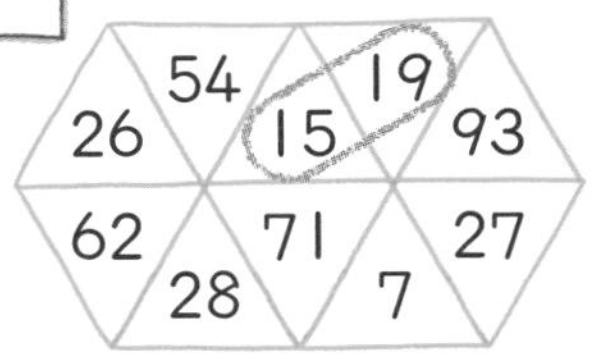

15+19=34

____

____

2) 57

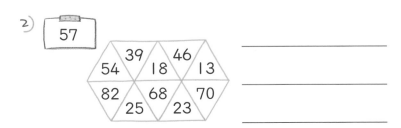

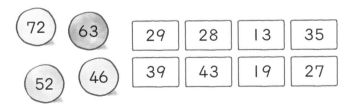

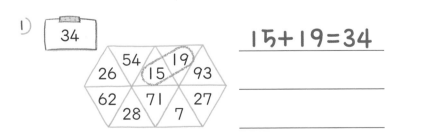

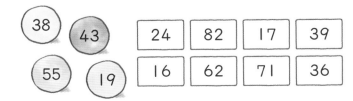

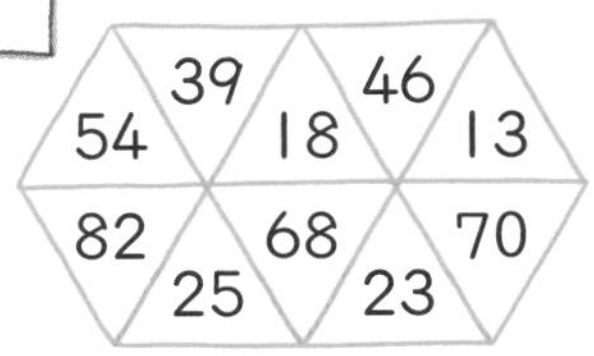

____

____

____

9 1) 두 수의 합이 ○ 안의 수가 되는 카드 2장을 찾아 같은 색으로 칠해 보세요.

72 63 52 46

29	28	13	35
39	43	19	27

2) 두 수의 차가 ○ 안의 수가 되는 카드 2장을 찾아 같은 색으로 칠해 보세요.

38 43 55 19

24	82	17	39
16	62	71	36

덧셈과 뺄셈

1 규칙에 맞게 빈칸에 알맞은 두 자리 수를 써넣으세요.

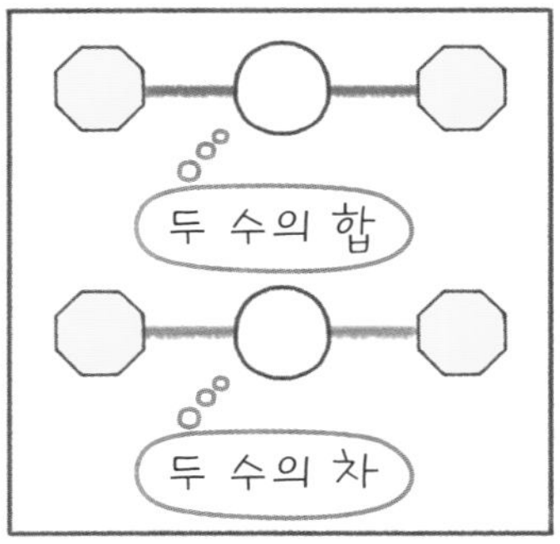

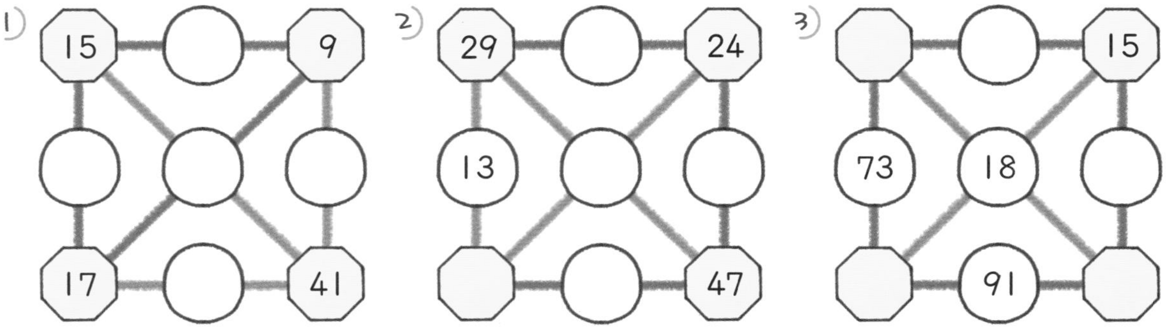

2 계산 결과가 같은 것끼리 선으로 이어 보세요.

$85 - 27$	$28 + 17$
$71 - 26$	$83 - 58$
$46 + 28$	$39 + 19$
$54 - 17$	$90 - 16$
$63 - 38$	$19 + 18$

3 같은 색 구슬이 같은 숫자를 나타낼 때 ◯ 안에 + 또는 −를 알맞게 써넣어 식을 바르게 완성하고, 각 구슬에 알맞은 숫자를 써 보세요.

$4\ 5 + 1\ 7 = \bigcirc\ \bigcirc$

$\bigcirc\ \bigcirc\ \bigcirc\ \bigcirc\ \bigcirc = \bigcirc\ \bigcirc$

$\bigcirc\ \bigcirc + \bigcirc\ \bigcirc = \bigcirc\ \bigcirc$

$\bigcirc\ \bigcirc\ \bigcirc\ \bigcirc\ \bigcirc = \bigcirc\ \bigcirc$

$4\ \bigcirc\ \bigcirc\ \bigcirc\ \bigcirc\ \bigcirc\ \bigcirc\ 7\ 5\ 1$

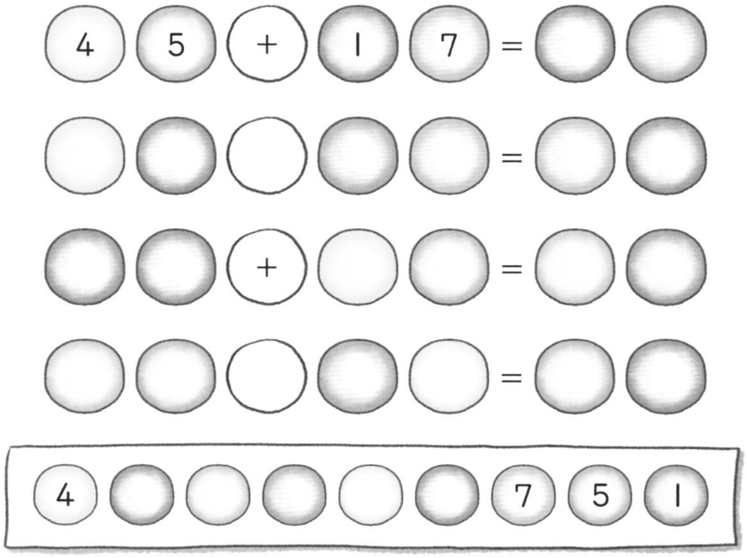

4 수 배열표에서 모양으로 나타낸 수를 이용하여 조건에 맞는 수를 구해 보세요.

수 배열표의 규칙을 잘 생각해 보고, 모양으로 나타낸 수를 이용하여 답을 구해 봐!

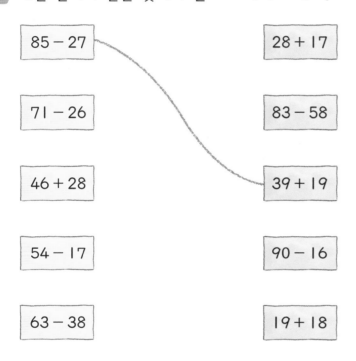

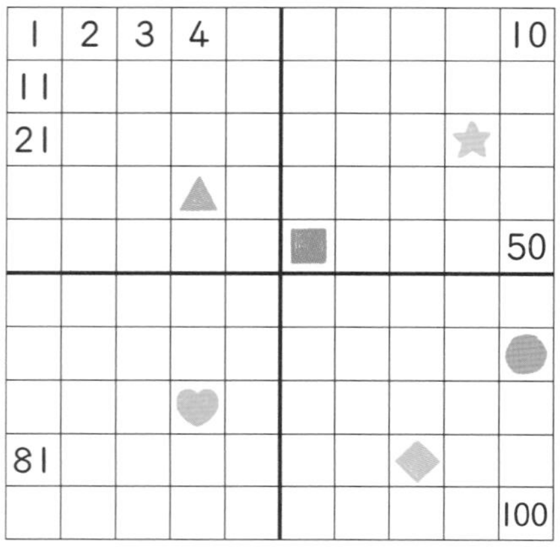

1) 가장 큰 수 _____

2) 가장 작은 수 _____

3) 두 수의 합이 가장 큰 경우 _____

4) 두 수의 합이 가장 작은 경우 _____

5) 두 수의 차가 가장 큰 경우 _____

6) 두 수의 차가 가장 작은 경우 _____

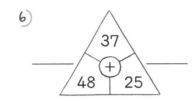

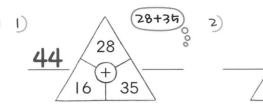

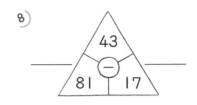

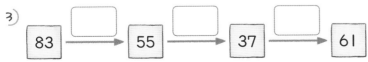

5

1) 28, 16, 35 (+) — 44 (28+35)
2) 34, 19, 76 (+)
3) 85, 57, 29 (−) — (85−57)
4) 85, 48, 26 (−)
5) 37, 86, 27 (+)
6) 37, 48, 25 (+)
7) 63, 46, 27 (−)
8) 43, 81, 17 (−)

6 □ 안의 수는 이웃한 두 수의 합 또는 차를 나타내요. 이웃한 칸이 같은 색이면 두 수의 합, 다른 색이면 두 수의 차를 나타낼 때 ◯ 안에 알맞은 수를 써넣으세요.

두 수의 차가 **27**!

1) 27 | 42 ◯ ◯ ◯ ◯ ◯

두 수의 합이 **27**!

2) 49 | 68 ◯ ◯ ◯ ◯ ◯

3) 45 | 97 ◯ ◯ ◯ ◯ ◯

4) 23 | 74 ◯ ◯ ◯ ◯ ◯

7 빈칸을 알맞게 채워 보세요.

1) 27 →(+)→ 35 →(−)→ 28 →( )→ 54
2) 39 →( )→ 51 →( )→ 26 →( )→ 43
3) 83 →( )→ 55 →( )→ 37 →( )→ 61

8 필요 없는 부분을 ×표로 지워서 옳은 식을 만들고 식을 써 보세요.

1) 14 ~~+ 19~~ + 57 = 71 ➡ ______
2) 46 + 15 − 19 = 27 ➡ ______
3) 25 + 38 − 7 = 63 ➡ ______
4) 62 − 29 − 38 = 24 ➡ ______
5) 36 + 47 − 19 = 28 ➡ ______
6) 53 − 17 − 25 = 28 ➡ ______

덧셈과 뺄셈

1 빈 곳에 알맞은 수를 써넣으세요.

1)

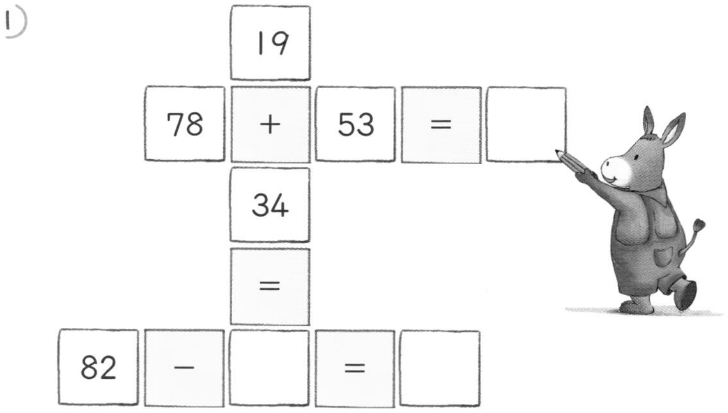

2)

2 빈칸에 알맞은 숫자를 써넣으세요.

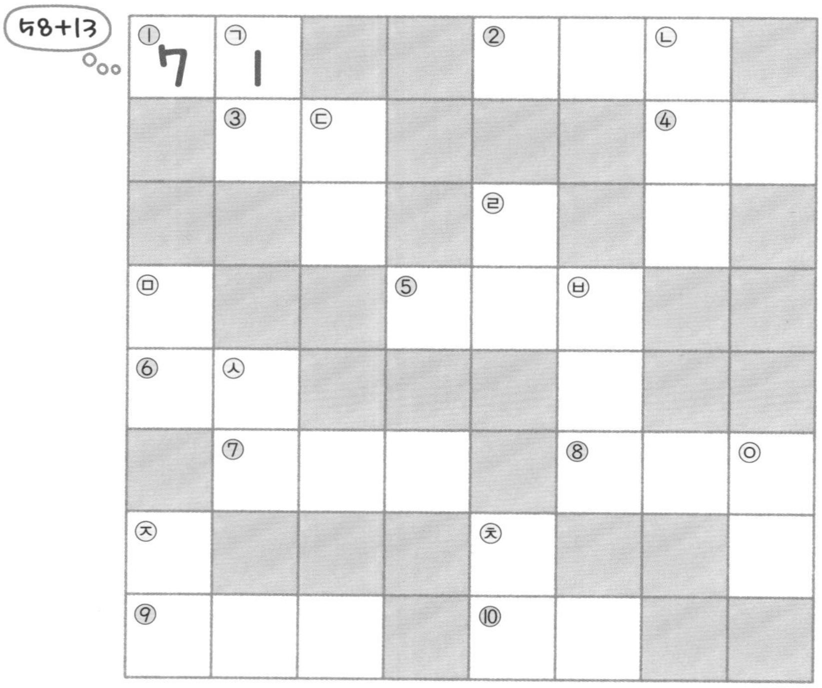

가로 ➡

① 58+13
② 66+35
③ 39+46
④ 92−18
⑤ 57+84
⑥ 58+28
⑦ 73+85
⑧ 44+99
⑨ 87+38
⑩ 62−27

세로 ⬇

㉠ 41−23
㉡ 98+74
㉢ 70−14
㉣ 38+56
㉤ 90−32
㉥ 88+63
㉦ 37+24
㉧ 72−36
㉨ 50−19
㉩ 81−48

3 옳은 식을 모두 찾아 색칠해 보세요.

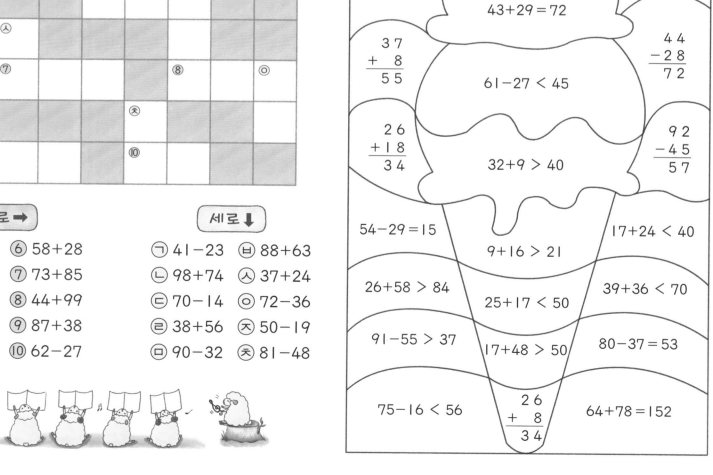

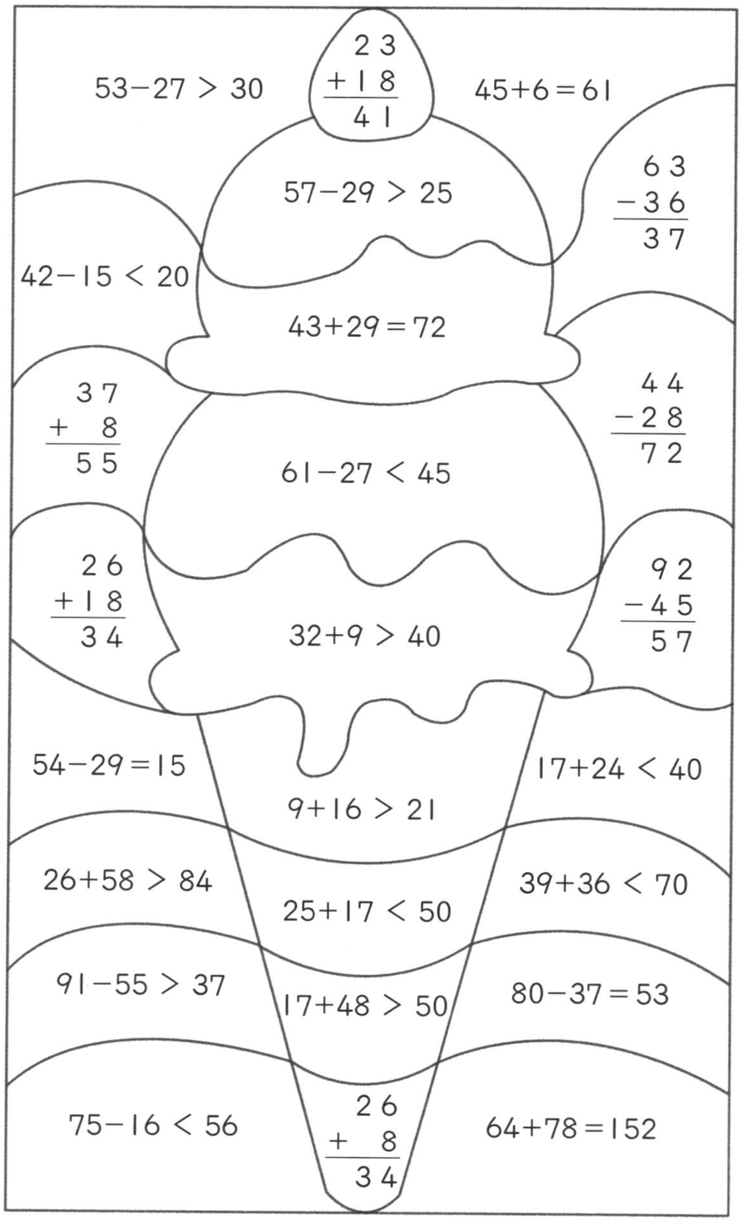

벌레 먹은 셈

1 찢어진 부분에 알맞은 숫자를 써넣으세요.

1) □3 + 69 = 82
2) 64 + 2□ = 92
3) 26 + □5 = 81
4) □7 + 47 = 84
5) 2□ + 27 = 55
6) 8□ + 79 = 1□5
7) 36 + □7 = 9□
8) 84 + □7 = □3□
9) 3□ + 76 = □□5

받아올림한 수를
잘 생각해서 풀어 봐.

2
1) □0 − 15 = 35
2) 60 − □4 = 16
3) □0 − 21 = 5□
4) 70 − □7 = 2□
5) □7 − 2□ = 28
6) □2 − 17 = 5□
7) 6□ − 29 = □8
8) 81 − □4 = 3□
9) 9□ − 15 = □9

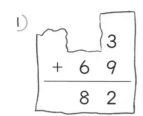

받아내림한 것을
잘 기억해서 풀어 봐.

3 ● 안에 들어갈 숫자가 모두 짝수인 것을 찾아 ☑표 하세요.

☐ 5● + ●4 = 102
☐ ●8 + 6● = 140
☐ 2● + 89 = 1●3
☐ ●5 + 7● = 161
☐ ●0 − 36 = 5●
☐ 77 − ●9 = 4●
☐ 80 − 1● = ●8
☐ 8● − 45 = ●9

계산하여 색칠하기

1

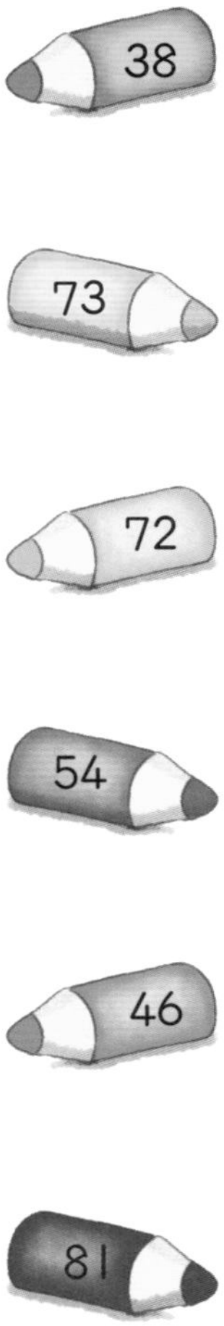

38
73
72
54
46
81

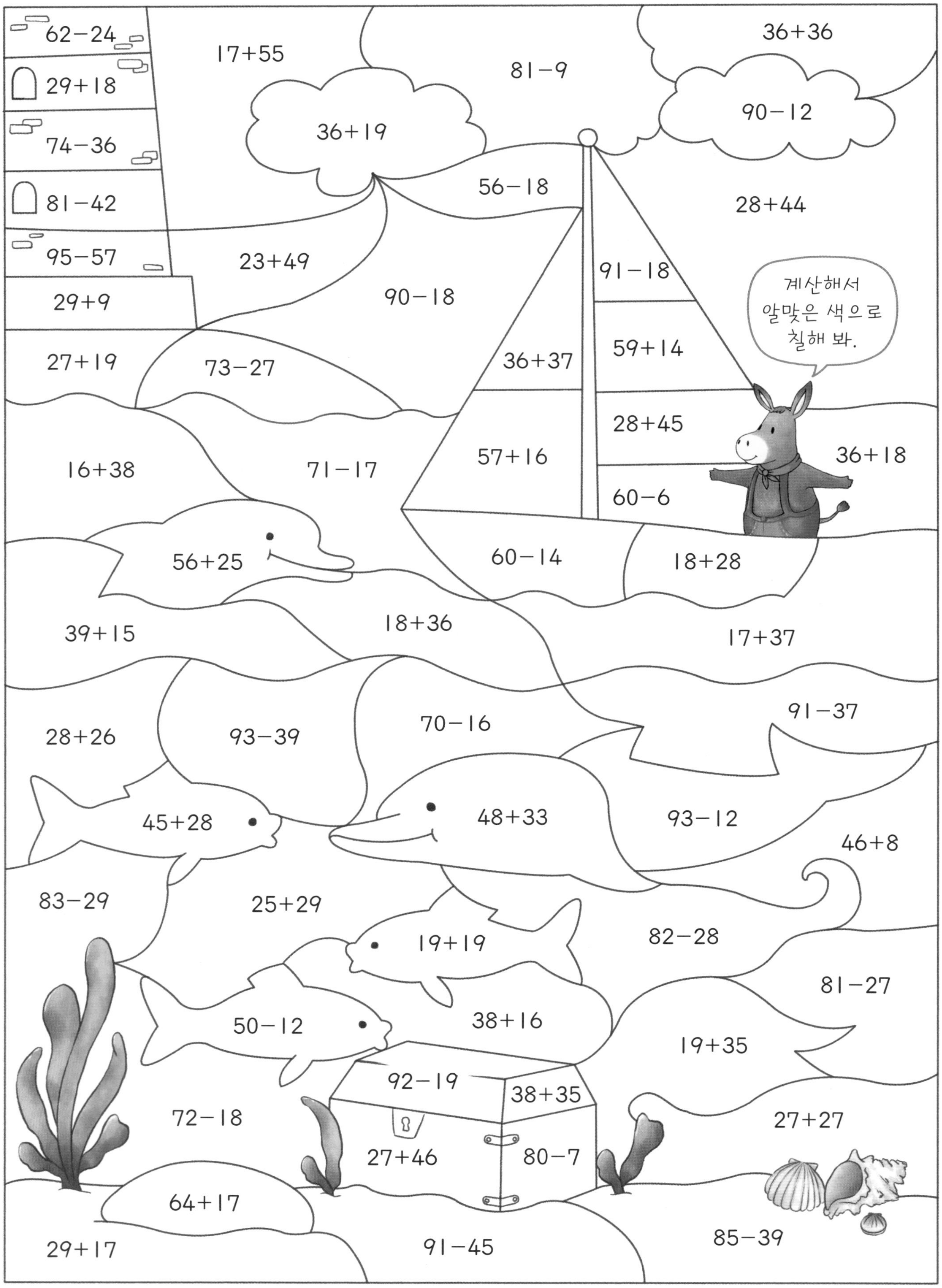

62−24
17+55
81−9
36+36
29+18
36+19
90−12
74−36
56−18
28+44
81−42
95−57
23+49
91−18
29+9
90−18
계산해서 알맞은 색으로 칠해 봐.
27+19
73−27
36+37
59+14
28+45
16+38
71−17
57+16
36+18
60−6
56+25
60−14
18+28
39+15
18+36
17+37
28+26
93−39
70−16
91−37
45+28
48+33
93−12
46+8
83−29
25+29
19+19
82−28
81−27
50−12
38+16
19+35
92−19
38+35
72−18
27+27
27+46
80−7
64+17
29+17
91−45
85−39

색칠하지 않는 부분도 있어.

같은 수만큼 더하고 빼기

1 빈칸에 알맞은 수를 써넣고 □과 □의 차를 구해 보세요.

1) □ ←−1— 55 —+1→ □

□ − □ = ____

2) □ ←−2— 55 —+2→ □

□ − □ = ____

3) □ ←−3— 55 —+3→ □

□ − □ = ____

4) □ ←−5— 55 —+5→ □

□ − □ = ____

5) □ ←−10— 55 —+10→ □

□ − □ = ____

6) □ ←−20— 55 —+20→ □

□ − □ = ____

2 □ 안에 알맞은 수를 써넣고 두 수의 차를 구해 보세요.

1) −7, +7

□ ← 26 → □

□ − □ = ____

2) −9, +9

□ ← 47 → □

□ − □ = ____

3) −10, +10

□ ← 38 → □

□ − □ = ____

3 지호와 연우는 같은 수만큼 사탕을 가지고 있어요. 지호가 연우에게 사탕 10개를 주면 두 사람이 가지고 있는 사탕의 수는 몇 개 차이가 날까요?

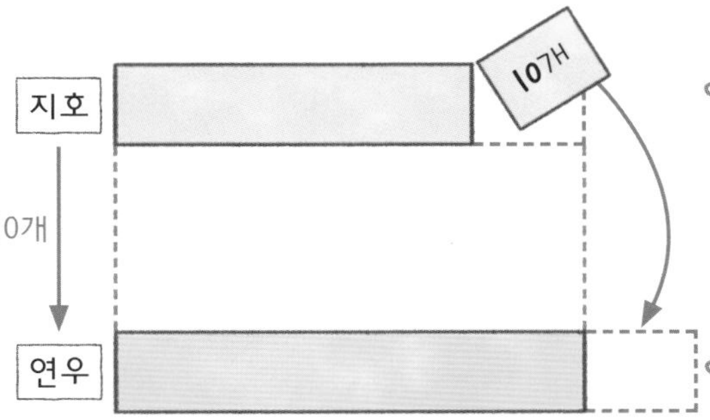

사탕의 수가 ____개 (많아져요, 적어져요).

사탕의 수가 ____개 (많아져요, 적어져요).

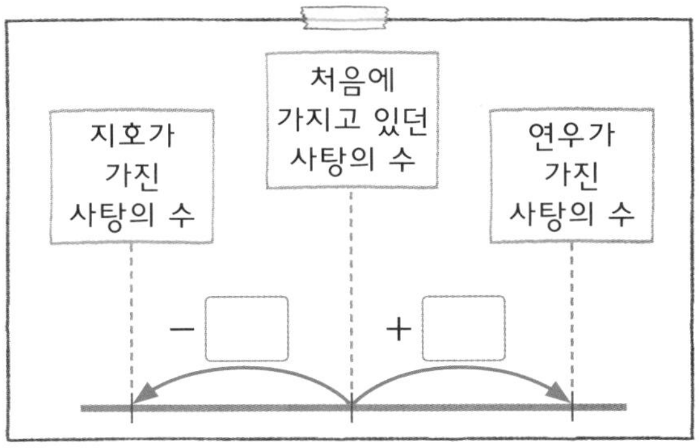

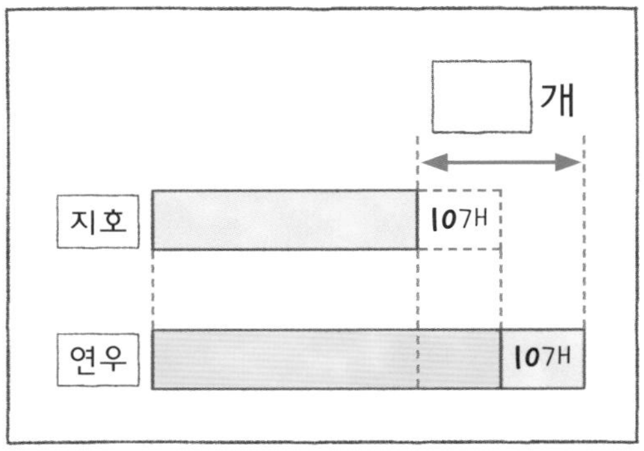

➡ 연우가 가진 사탕의 수는 지호가 가진 사탕의 수보다 ____개 더 많습니다.
따라서 두 사람이 가지고 있는 사탕의 수는 ____개 차이가 납니다.

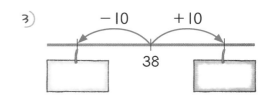

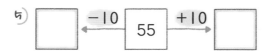

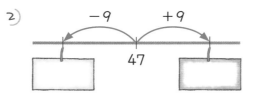

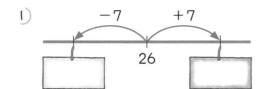

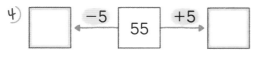

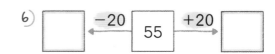

덧셈과 뺄셈

1 관계있는 것끼리 선으로 잇고 빈칸을 알맞게 채워 보세요.

모자 가게에서 어제는 모자를 78개 팔았는데 오늘은 어제보다 6개를 더 팔았어요. 오늘 판 모자의 수는 몇 개일까요?

도넛이 43개 있었는데 8개를 먹었어요. 남은 도넛은 몇 개일까요?

사과 27개와 오렌지 18개가 있어요. 과일은 모두 몇 개일까요?

나무에 열린 53개의 열매 중 27개가 떨어졌어요. 남은 열매는 몇 개일까요?

$43-8=$ _____

$78+6=$ _____

$53-27=$ _____

$27+18=$ _____

남은 열매는 _____ 개예요.

남은 도넛은 _____ 개예요.

오늘 판 모자의 수는 _____ 개예요.

과일은 __________

____

2 주어진 식에 맞는 내용을 찾아 ☑표 하고 계산해 보세요.

1) $57+14=$ _____

- ☐ 구슬 57개가 있었는데 14개를 잃어버렸어요.
- ☐ 노란 구슬 57개와 파란 구슬 14개를 가지고 있어요.
- ☐ 구슬 14개를 선물로 받아서 구슬이 모두 57개가 되었어요.

2) $65-36=$ _____

- ☐ 책 65권이 꽂혀 있는 책꽂이에 36권을 더 꽂았어요.
- ☐ 친구에게 빌린 동화책 65권과 역사책 36권을 모두 읽었어요.
- ☐ 책 65권이 있었는데 36권을 친구에게 빌려주었어요.

3 두 수의 합 또는 차가 ⌂ 안의 수가 되도록 선으로 이어 보세요.

1)

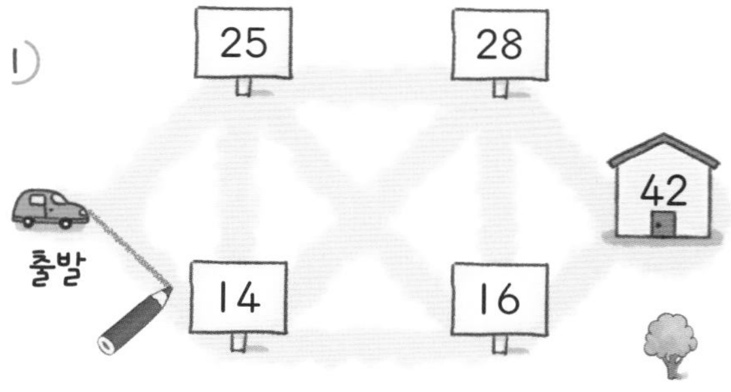

2)

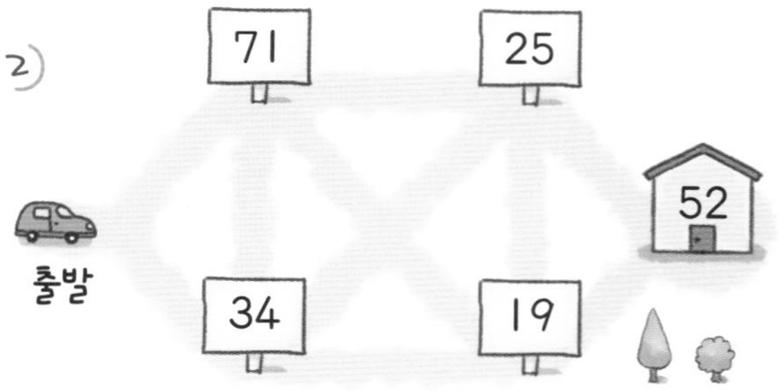

계산 결과 비교하기

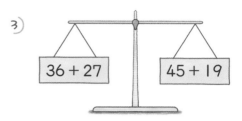

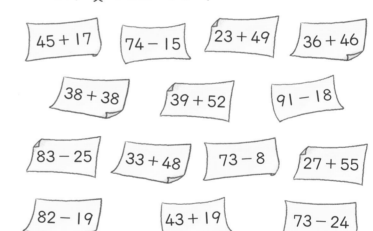

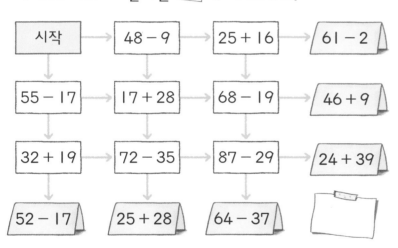

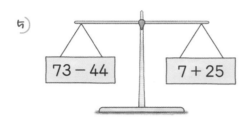

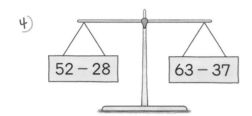

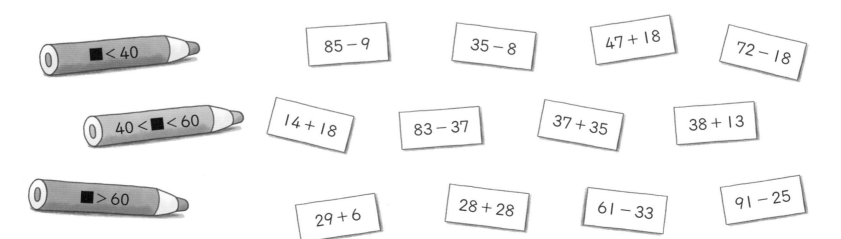

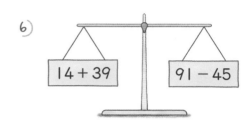

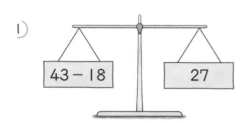

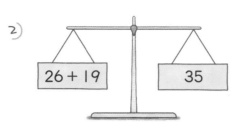

1 저울은 수가 더 큰 쪽으로 기울어져요. 기울어지는 쪽에 ○표 하세요.

1) 43 − 18 | 27

2) 26 + 19 | 35

3) 36 + 27 | 45 + 19

4) 52 − 28 | 63 − 37

5) 73 − 44 | 7 + 25

6) 14 + 39 | 91 − 45

2 계산 결과가 더 큰 쪽을 따라가 마지막으로 도착한 식에 ○표 하고 그 결과를 □에 써 보세요.

시작 →	48 − 9 →	25 + 16 →	61 − 2
55 − 17 →	17 + 28 →	68 − 19 →	46 + 9
32 + 19 →	72 − 35 →	87 − 29 →	24 + 39
52 − 17	25 + 28	64 − 37	□

3 계산 결과가 60보다 크고 80보다 작은 식을 모두 찾아 ○표 하세요.

45 + 17, 74 − 15, 23 + 49, 36 + 46

38 + 38, 39 + 52, 91 − 18

83 − 25, 33 + 48, 73 − 8, 27 + 55

82 − 19, 43 + 19, 73 − 24

4 계산을 하여 알맞은 색으로 칠해 보세요.

■ < 40

40 < ■ < 60

■ > 60

85 − 9, 35 − 8, 47 + 18, 72 − 18

14 + 18, 83 − 37, 37 + 35, 38 + 13

29 + 6, 28 + 28, 61 − 33, 91 − 25

여러 가지 덧셈과 뺄셈

1 종이에 적힌 수가 계산 결과가 되는 식만 지나갈 수 있어요. 길을 따라가며 지나는 식을 종이와 같은 색으로 칠하고, 도착한 곳에 친구의 이름을 써 보세요.

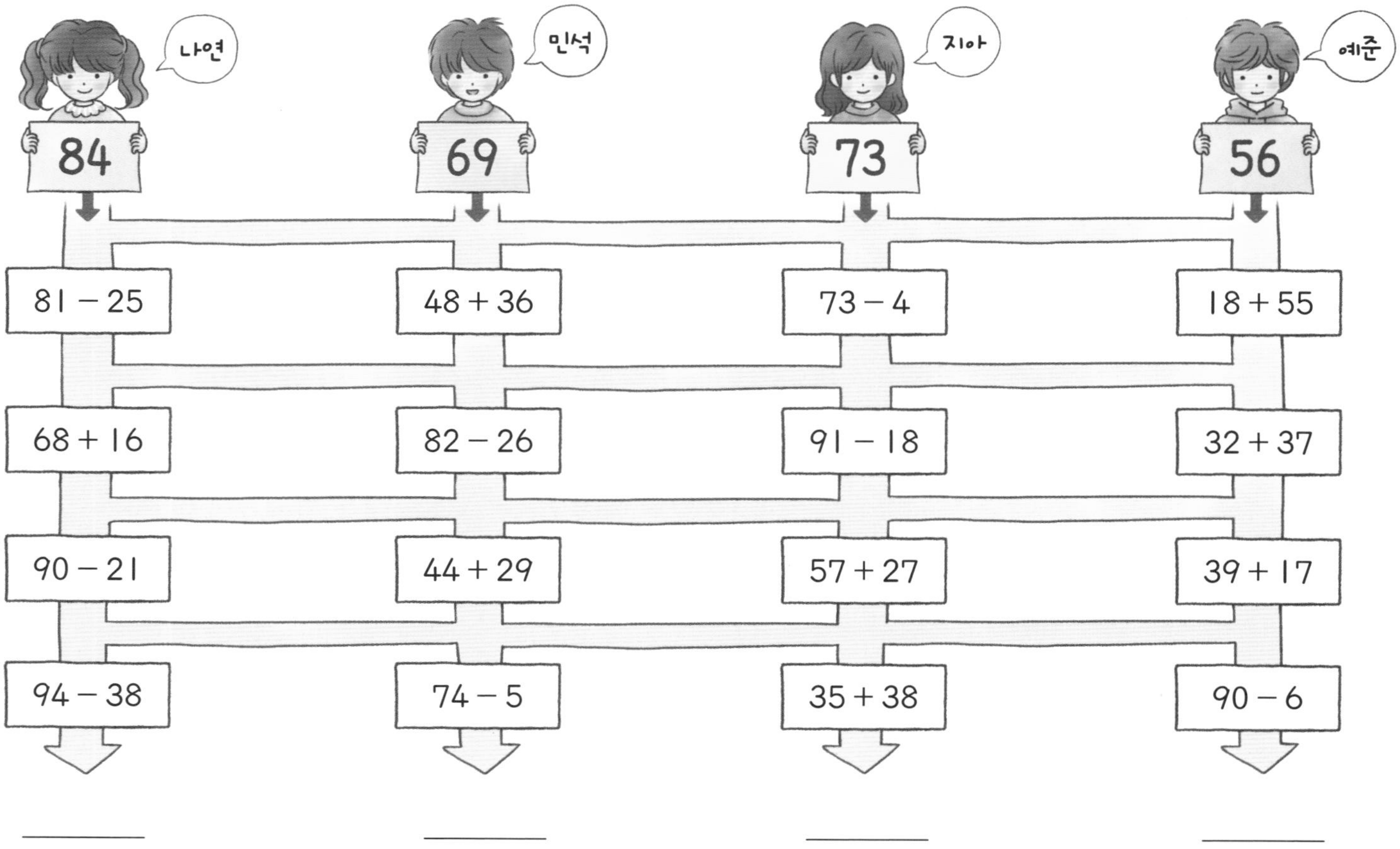

2 계산을 하고 계산 결과로 가장 많이 나온 수를 말한 동물을 찾아 ○표 하세요.

80 − 23 = ____	92 − 35 = ____
91 − 29 = ____	27 + 28 = ____
26 + 39 = ____	72 − 7 = ____
71 − 9 = ____	46 + 16 = ____
49 + 7 = ____	95 − 28 = ____
94 − 37 = ____	48 + 9 = ____

3 알맞은 색으로 칠해 보세요.

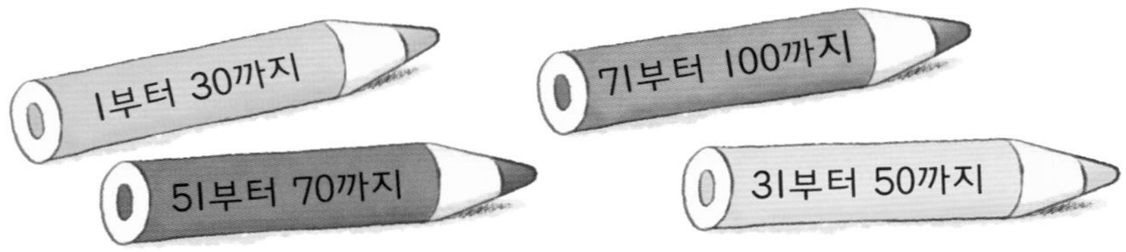

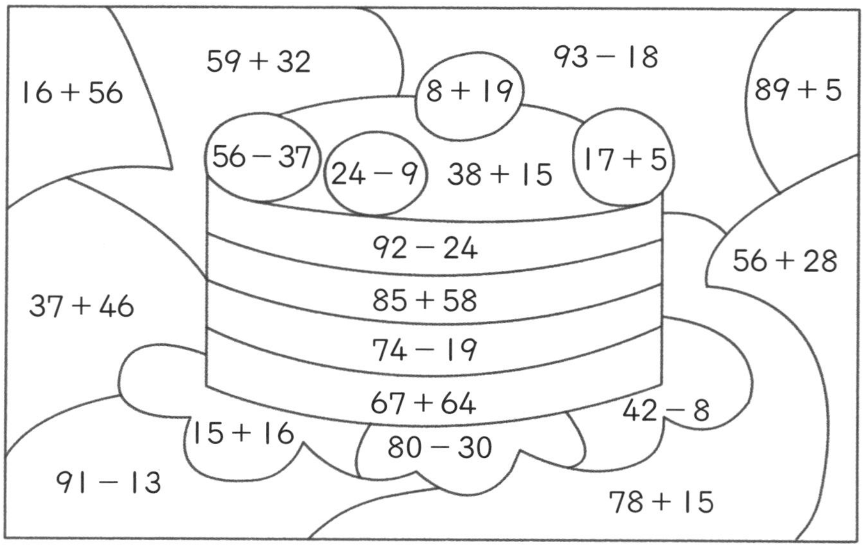

4 계산 결과를 찾아 선으로 이어 보세요.

70 − 34 | 91 − 24 | 29 + 19 | 36 + 25

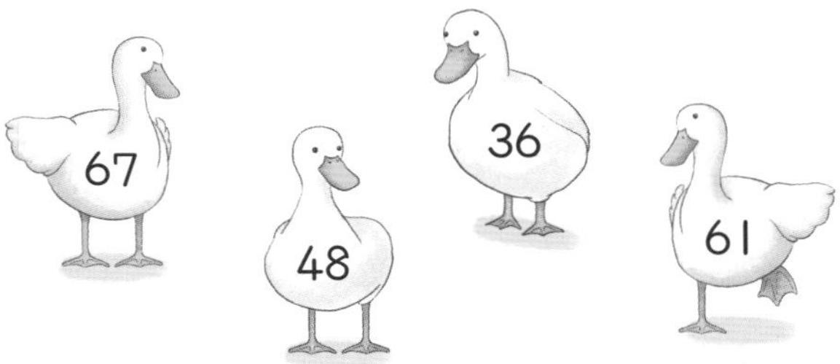

28 + 39 | 80 − 19 | 72 − 36 | 62 − 14

5 합과 차를 구하고 그림에서 그 수를 찾아 색칠해 보세요.

$57+27=$ ____　$21+29=$ ____　$81-9=$ ____

$91-36=$ ____　$38+57=$ ____　$24+27=$ ____

$28+55=$ ____　$80-35=$ ____　$75-48=$ ____

$92-15=$ ____　$78+19=$ ____　$58+4=$ ____

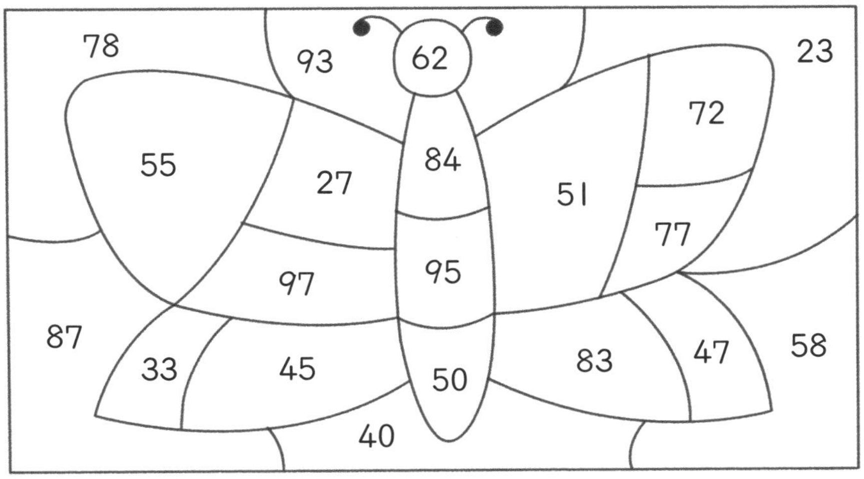

6 계산 결과를 찾아 빈칸에 알맞은 글자를 써 보세요.

는	학	가	나	험	탐	수
34 + 9	42 + 29	64 − 18	74 − 36	28 + 33	17 + 45	52 − 8

38	43	44	71	62	61	46

7 1) 배구공은 야구공보다 15개 적고, 축구공보다 27개 많아요. 야구공은 축구공보다 몇 개 더 많을까요?

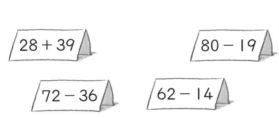

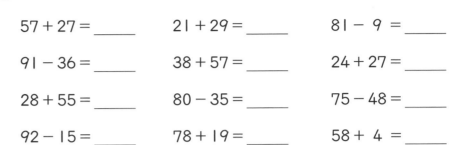

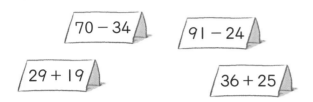

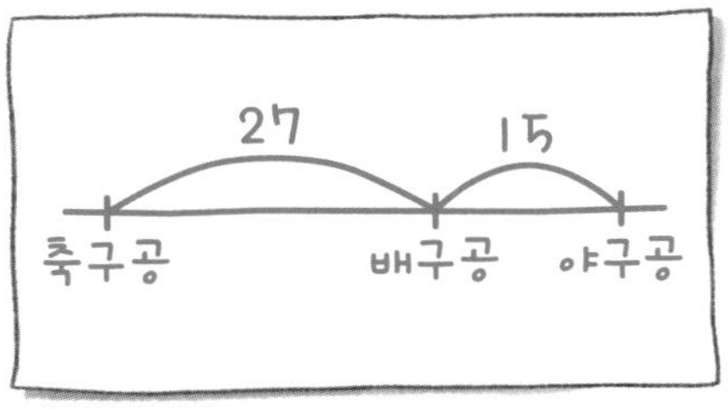

____개

2) 이모는 나보다 23살이 많고, 누나보다는 16살이 많아요. 누나는 나보다 몇 살 더 많을까요?

____살

여러 가지 덧셈과 뺄셈

1 계산 결과를 찾아 같은 색으로 칠하고, 남은 수에 모두 ×표 하세요.

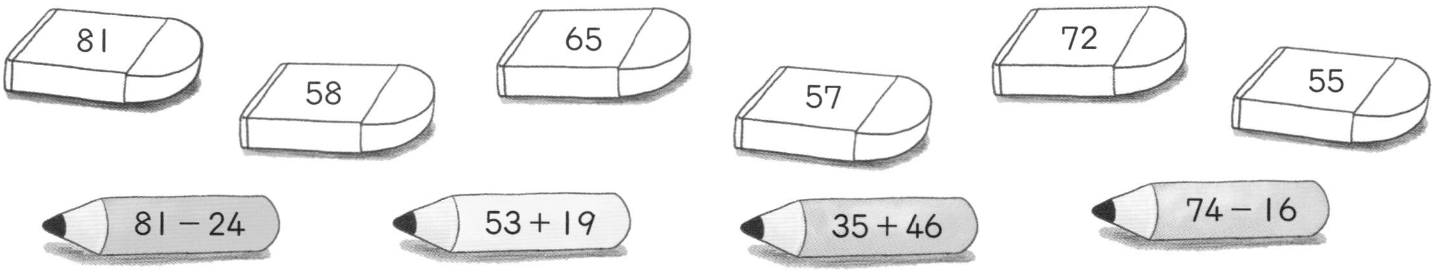

2 계산 결과를 오른쪽 표에서 찾아 모두 색칠해 보세요.

94 − 25 42 − 17 48 + 29 63 − 27
37 + 18 54 − 28 42 − 19 68 − 29
90 − 71 39 + 28 27 + 26

55	26	89	20	16
38	36	17	75	53
27	69	39	77	81
21	23	63	19	98
40	67	24	25	42

색칠한 모양이 무엇을 닮았는지 생각해 봐.

3 이어서 계산해 보세요.

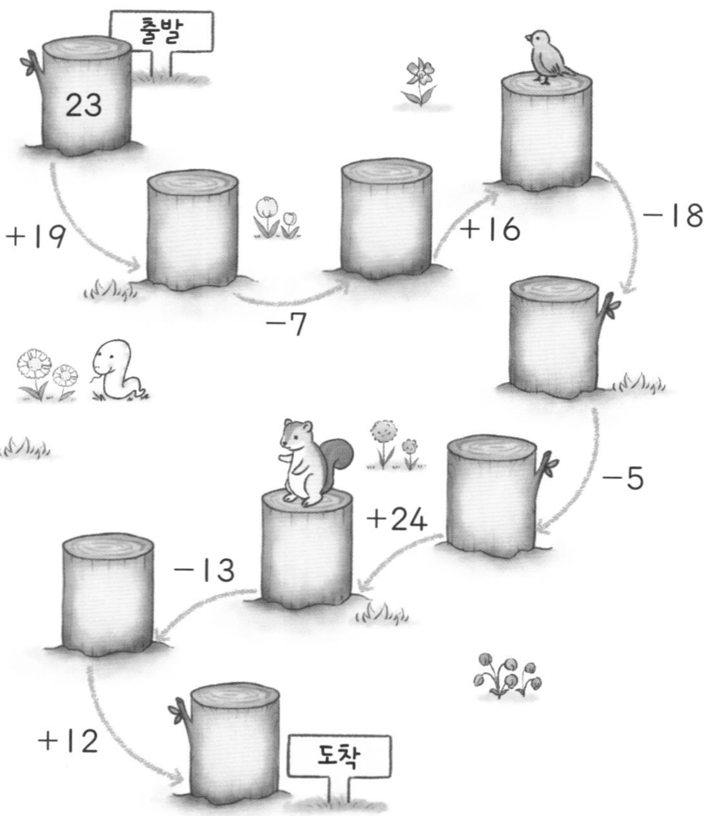

4 계산 결과가 같은 것끼리 둘씩 짝지어 같은 색으로 칠하고, 남은 하나에 ○표 하세요.

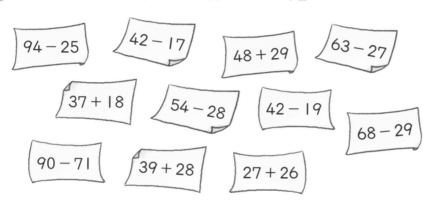

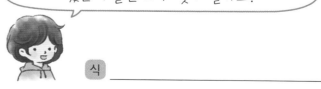

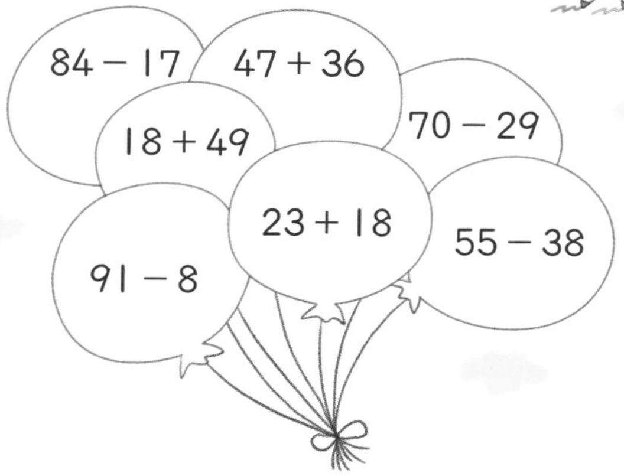

5 나는 구슬을 33개 가지고 있고, 소희는 나보다 15개 더 적게 가지고 있어요. 소희와 내가 가지고 있는 구슬은 모두 몇 개일까요?

식 ____________________

답 ____개

6 합 또는 차가 ☐ 안의 수가 되는 식을 모두 찾아 ☑표 하세요.

1) 34

- ☐ 62 − 38 = ____
- ☐ 15 + 19 = ____
- ☐ 53 − 24 = ____
- ☐ 72 − 38 = ____
- ☐ 51 − 17 = ____

2) 58

- ☐ 82 − 14 = ____
- ☐ 39 + 19 = ____
- ☐ 72 − 14 = ____
- ☐ 81 − 33 = ____
- ☐ 29 + 29 = ____

3) 76

- ☐ 37 + 39 = ____
- ☐ 48 + 28 = ____
- ☐ 94 − 28 = ____
- ☐ 57 + 16 = ____
- ☐ 95 − 19 = ____

4) 63

- ☐ 92 − 29 = ____
- ☐ 47 + 26 = ____
- ☐ 81 − 18 = ____
- ☐ 26 + 37 = ____
- ☐ 71 − 18 = ____

7 계산 결과가 ◯ 안의 수가 되는 식을 모두 찾아 선으로 이어 보세요.

1) (47)

19 + 26, 94 − 47, 73 − 26, 28 + 19, 85 − 27, 65 − 28, 39 + 8

2) (83)

46 + 37, 57 + 18, 49 + 24, 37 + 36, 92 − 9, 55 + 28, 46 + 47

3) (64)

28 + 36, 37 + 27, 92 − 28, 73 − 19, 72 − 24, 81 − 27, 49 + 15

8 알맞은 색으로 칠해 보세요.

27, 31, 55, 38, 43

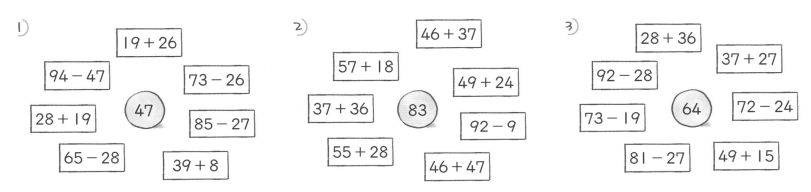

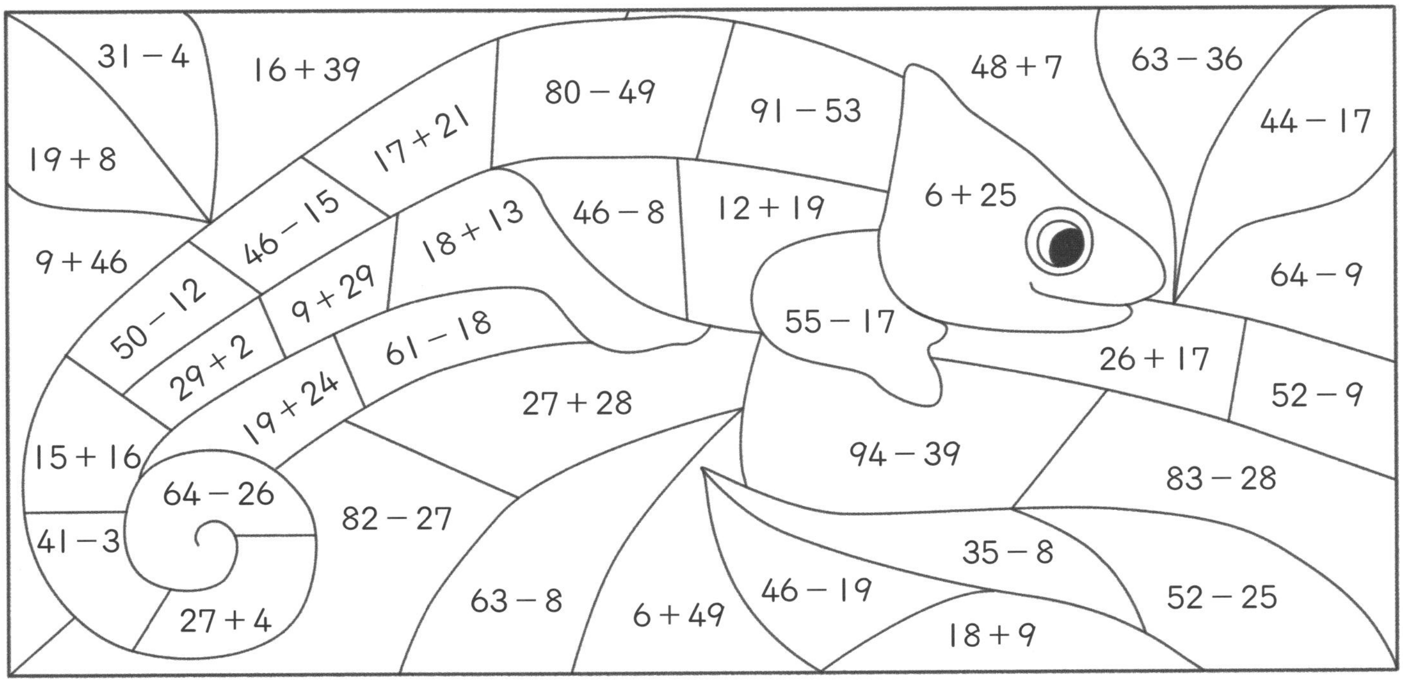

덧셈과 뺄셈의 활용

1 다음과 같이 자음자와 모음자를 수로 나타낸 것을 보고 물음에 답하세요.

ㄱ	ㄴ	ㄷ	ㄹ	ㅁ	ㅂ	ㅅ	ㅇ	ㅈ	ㅊ	ㅋ	ㅌ	ㅍ	ㅎ
64	71	39	18	36	95	82	37	44	63	22	77	52	49

ㅏ	ㅑ	ㅓ	ㅕ	ㅗ	ㅛ	ㅜ	ㅠ	ㅡ	ㅣ
25	97	16	33	21	19	58	88	73	45

1) 식을 계산하여 알맞은 자음자 또는 모음자를 찾아 빈칸에 써넣고 문장을 완성해 보세요.

64 − 27	81 − 23	43 + 39	96 − 59	80 − 64	48 + 47	40 − 19	73 − 48

ㅇ
_____

60 − 16	82 − 9	54 − 36	71 − 7	44 − 28	28 + 9	96 − 38	42 + 29

_____

72 − 23	40 − 15	72 − 54	39 + 19	72 − 35	58 + 39

_____

문장 _____

2) ▨ 안의 말을 보고 자음자와 모음자를 나타내는 수를 찾아 덧셈식 또는 뺄셈식으로 나타내어 보세요.

우리는 _____ , _____ , _____ , _____ , _____ , _____ , _____

친구 _____ , _____ , _____ , _____ , _____

자음자와 모음자가
나타내는 수가
계산 결과가 되는
덧셈식 또는 뺄셈식을
만들면 돼.

수 배열표와 덧셈

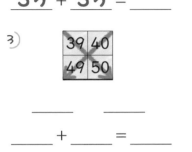

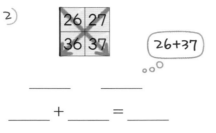

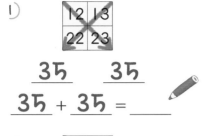

1 1부터 100까지의 수 배열표에서 색칠한 네 수의 합을 구해 보세요.

1)

12	13
22	23

35 35

35 + 35 = ____

2)

26	27
36	37

26+37

____ ____

____ + ____ = ____

3)

39	40
49	50

____ ____

____ + ____ = ____

4)

44	45
54	55

____ ____

____ + ____ = ____

1	2	3	4	5	6	7	8	9	10
11	12	13	14	15	16	17	18	19	20
21	22	23	24	25	26	27	28	29	30
31	32	33	34	35	36	37	38	39	40
41	42	43	44	45	46	47	48	49	50
51	52	53	54	55	56	57	58	59	60
61	62	63	64	65	66	67	68	69	70
71	72	73	74	75	76	77	78	79	80
81	82	83	84	85	86	87	88	89	90
91	92	93	94	95	96	97	98	99	100

2 규칙에 따라 색칠한 네 수의 합을 각각 구하고, 계산 결과는 어떻게 변하는지 비교해 보세요.

1	2	3
11	12	13
21	22	23
31	32	33

____

1	2	3	4
11	12	13	14
21	22	23	24
31	32	33	34

____

1	2	3	4	5
11	12	13	14	15
21	22	23	24	25
31	32	33	34	35

____

1	2	3	4	5	6
11	12	13	14	15	16
21	22	23	24	25	26
31	32	33	34	35	36

____

다음 번에 색칠할 네 수의 합을 예상해 보고, 그 이유를 설명해 보세요.

____

3 수 배열표를 잘라 낸 모양을 보고 같은 색으로 칠한 두 수의 합을 각각 구해 보세요.

1)

3	4	5
13	14	15
23	24	25

3+25=

4+24=

5+23=

13+15=

2)

15	16	17
25	26	27
35	36	37

3)

24	25	26
34	35	36
44	45	46

4)

37	38	39
47	48	49
57	58	59

5) 1)~4)에서 구한 두 수의 합과 칠하지 않은 가운데 수를 서로 비교해 보세요. 무엇을 알 수 있나요?

____

수 배열표와 덧셈

1 1부터 100까지의 수 배열표를 보고 물음에 답하세요.

1	2	3	4	5	6	7	8	9	10
11					16	17			
21	22	23	24	25	26	27	28	29	30
31	32	33	34	35	36	37	38	39	40
41					46	47			
51					56	57			
61					66	67			
71					76	77			
81					86	87			
91					96	97			

1) 분홍색으로 칠한 수를 세로로 둘씩 묶어 왼쪽부터 차례대로 덧셈을 해 보세요.

21	22	23	24	25	26	27	28	29	30
31	32	33	34	35	36	37	38	39	40

52, ____, ____, ____, ____, ____, ____, ____, ____

(21+31)   (22+32)

2) 1)의 계산 결과가 어떻게 변하는지 쓰고, 그 이유를 설명해 보세요.

_____

_____

_____

수 배열표에서 오른쪽으로 한 칸씩 갈수록 수는……

3) 하늘색으로 칠한 수를 가로로 둘씩 묶어 위쪽부터 차례대로 덧셈을 해 보세요.

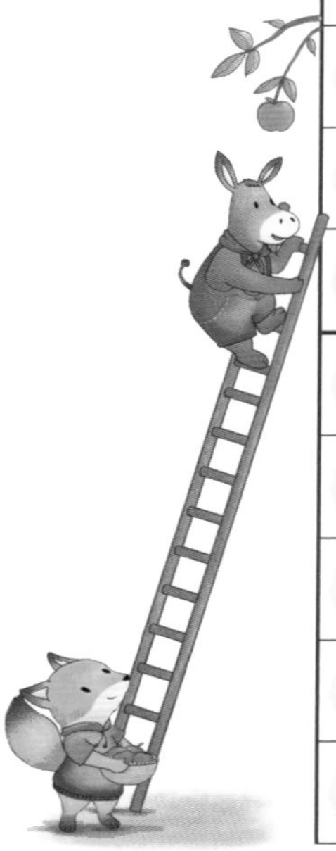

6	7	→ **13** ∘∘∘(6+7)
16	17	→ ____ ∘∘∘(16+17)
26	27	→ ____
36	37	→ ____
46	47	→ ____
56	57	→ ____
66	67	→ ____
76	77	→ ____
86	87	→ ____
96	97	→ ____

4) 3)의 계산 결과가 어떻게 변하는지 쓰고, 그 이유를 설명해 보세요.

_____

_____

_____

_____

수 배열표에서 아래쪽으로 한 칸씩 갈수록 수는……

2 수 배열표를 보고 물음에 답하세요.

세로로 이웃한 두 수는 모두 홀수이거나 모두 짝수이고, 두 수의 차는 항상 10이야.

1	2	3	4	5	6	7	8	9	10
11	12	13	14	15	16	17	18	19	20
21	22	23	24	25	26	27	28	29	30
31	32	33	34	35	36	37	38	39	40
41	42	43	44	45	46	47	48	49	50
51	52	53	54	55	56	57	58	59	60
61	62	63	64	65	66	67	68	69	70
71	72	73	74	75	76	77	78	79	80
81	82	83	84	85	86	87	88	89	90
91	92	93	94	95	96	97	98	99	100

가로로 이웃한 두 수는 홀수, 짝수 또는 짝수, 홀수이고 두 수의 차는 항상 1이야.

1) 빈칸에 세로로 이웃한 두 수를 써넣어 덧셈식을 완성하고 만들 수 없는 식에 ☒표 하세요.

☐ **42** + **52** = 94   ☐ ___ + ___ = 43   ☐ ___ + ___ = 28   ☐ ___ + ___ = 40

☐ ___ + ___ = 62   ☐ ___ + ___ = 44   ☐ ___ + ___ = 21   ☐ ___ + ___ = 68

☐ ___ + ___ = 19   ☐ ___ + ___ = 80   ☐ ___ + ___ = 42   ☐ ___ + ___ = 84

2) 빈칸에 가로로 이웃한 두 수를 써넣어 덧셈식을 완성하고 만들 수 없는 식에 ☒표 하세요.

☐ **47** + **48** = 95   ☐ ___ + ___ = 31   ☐ ___ + ___ = 51   ☐ ___ + ___ = 54

☐ ___ + ___ = 10   ☐ ___ + ___ = 55   ☐ ___ + ___ = 37   ☐ ___ + ___ = 91

☐ ___ + ___ = 13   ☐ ___ + ___ = 36   ☐ ___ + ___ = 73   ☐ ___ + ___ = 77

3) 가로 또는 세로로 이웃한 두 수의 합이 ☐ 안의 수가 되도록 알맞은 덧셈식을 쓰고, 가로와 세로 중 어느 방향으로 이웃한 수인지 써 보세요.

22	6+16=22	세로

35	_____	

93	_____	

82	_____	

66	_____	

71	_____	

EGG □를 사용한 덧셈식

1 몇을 더해야 할까요? 알맞게 ○를 그리고 □ 안에 알맞은 수를 써넣으세요.

1) 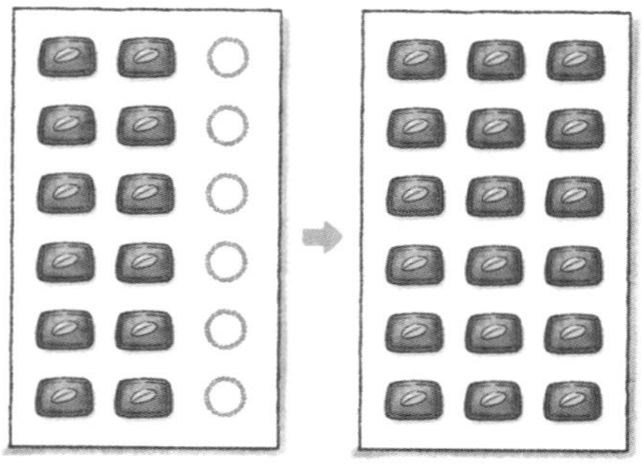

12+□=18

2) 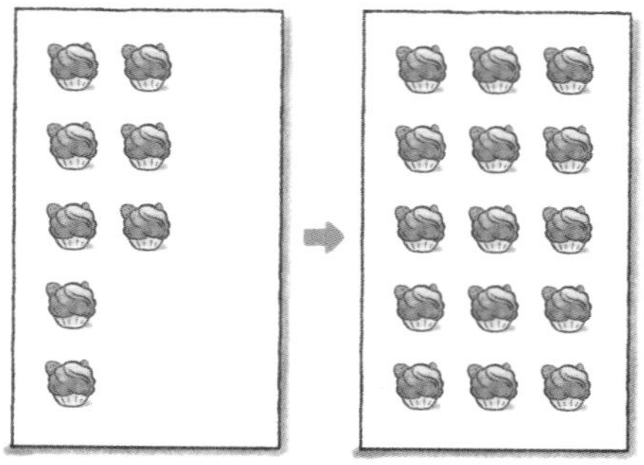

8+□=15

3) 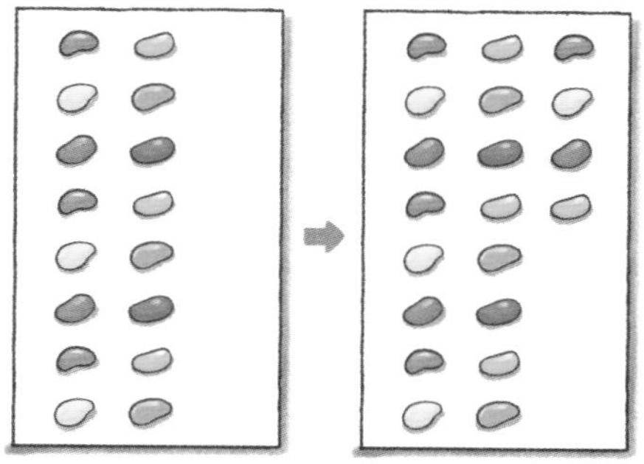

16+□=20

2 1) 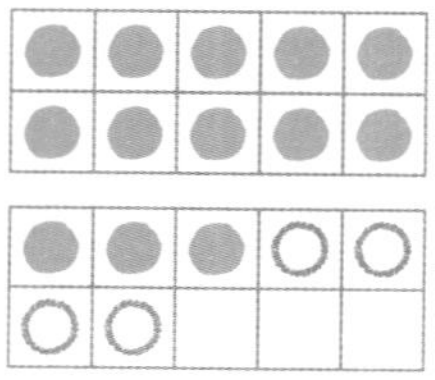

13+□=17

2) 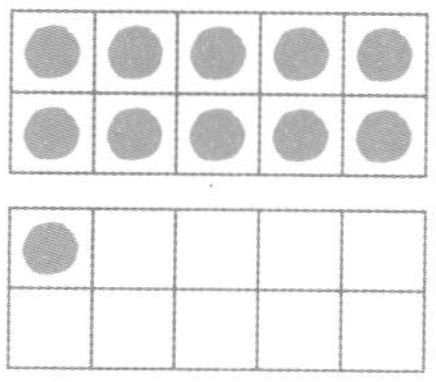

11+□=19

3) 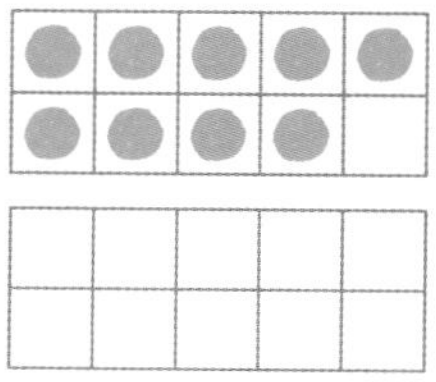

9+□=13

4) 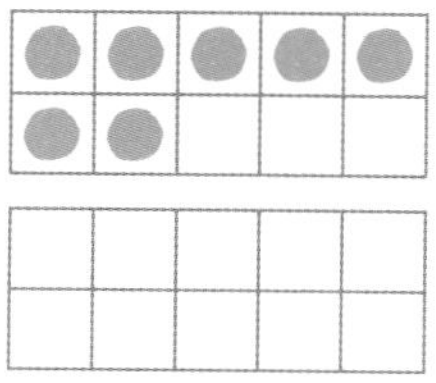

7+□=16

3 □를 사용하여 덧셈식으로 나타내고 □의 값을 구해 보세요.

1) 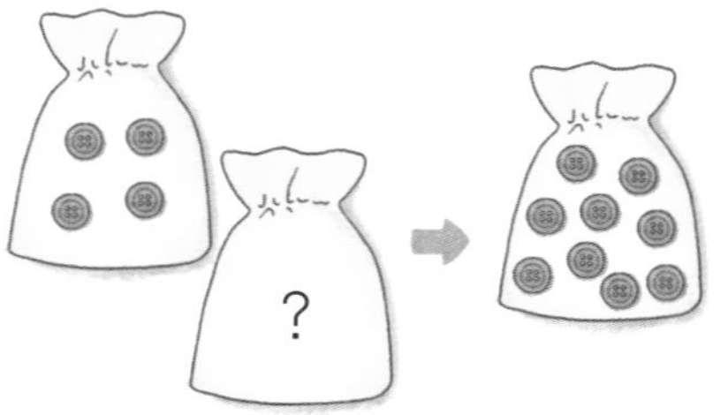

4+□=9, ____

2) 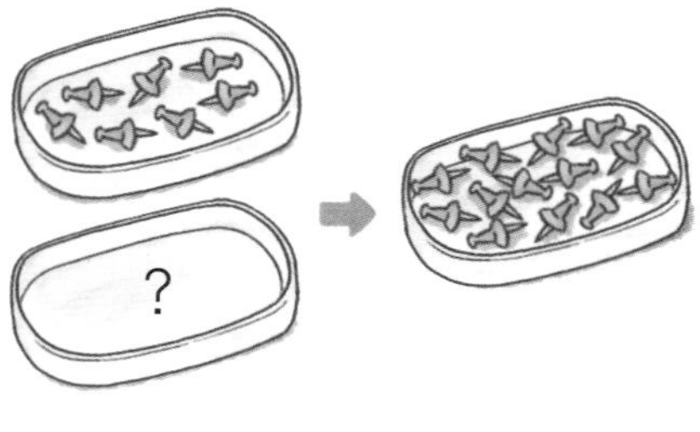

____, ____

3) 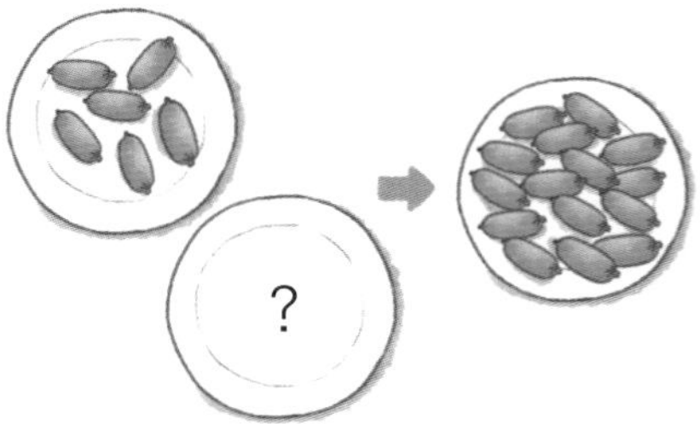

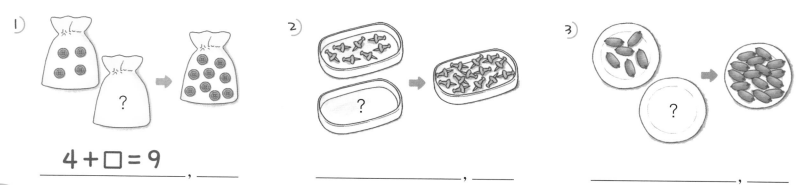

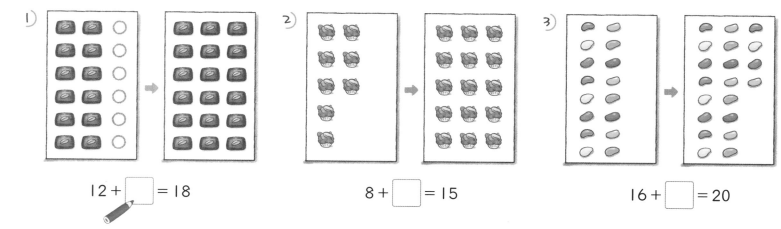

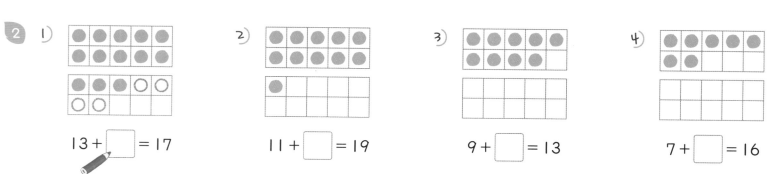

____, ____

□를 사용한 뺄셈식

1 몇을 빼야 할까요? 알맞은 수만큼 그림을 /으로 지우고 □ 안에 알맞은 수를 써넣으세요.

1) 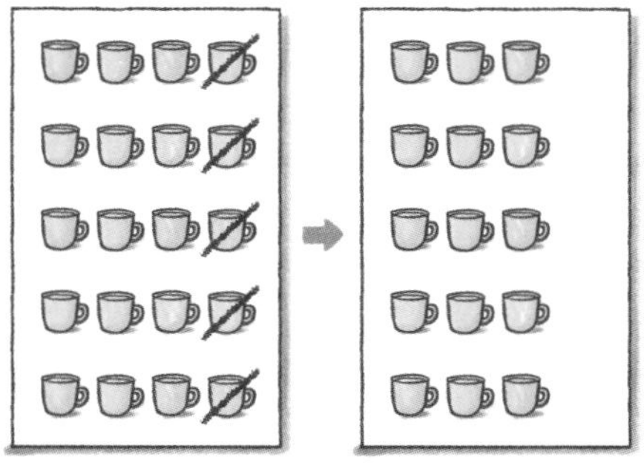

20－□＝15

2) 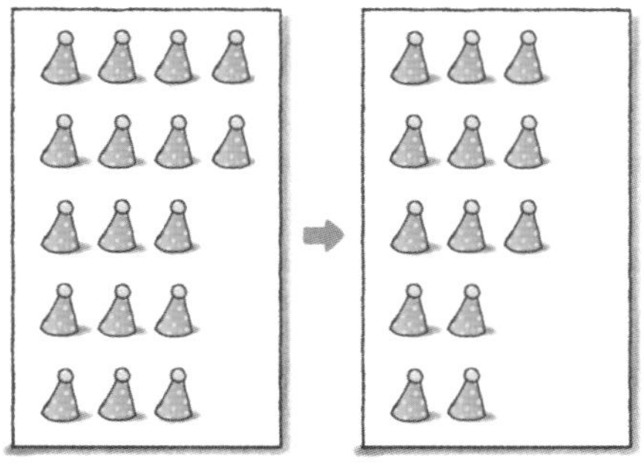

17－□＝13

3) 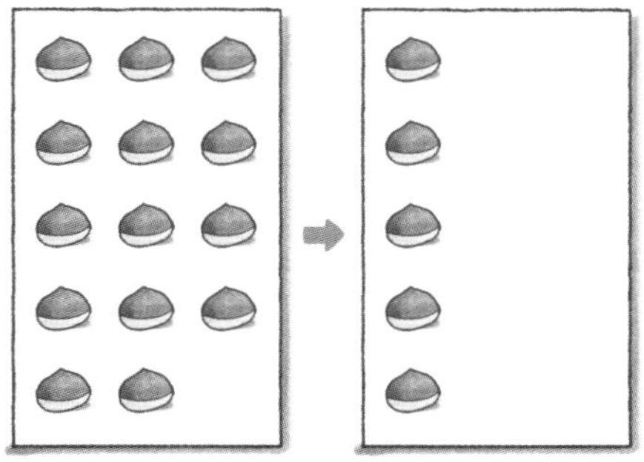

14－□＝5

2

1) 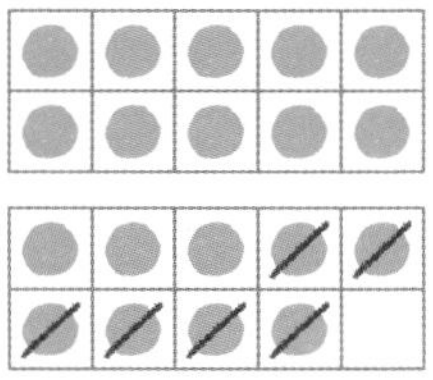

19－□＝13

2) 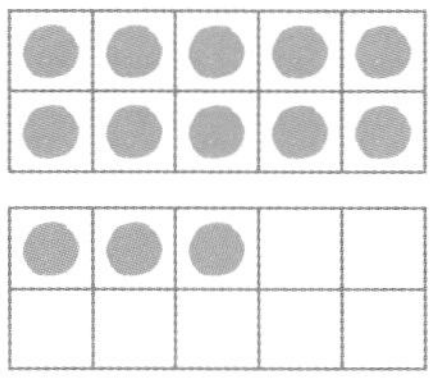

13－□＝11

3) 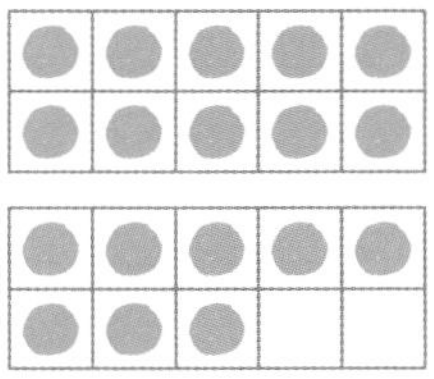

18－□＝9

4) 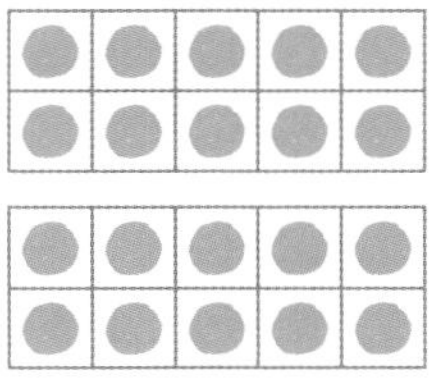

20－□＝13

3 □를 사용하여 뺄셈식으로 나타내고 □의 값을 구해 보세요.

1) 

20－□＝14, ______

2) 

______, ______

3) 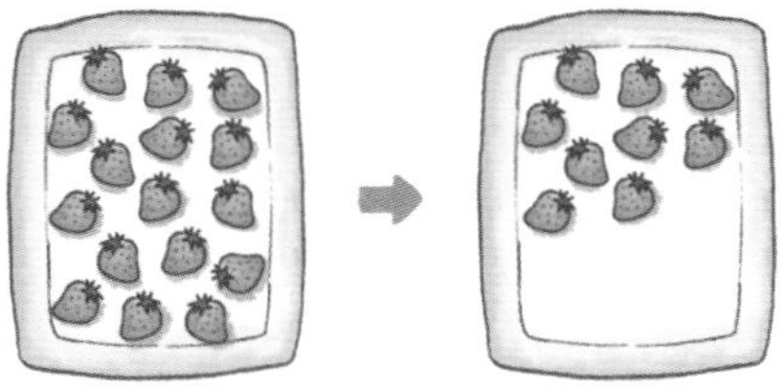

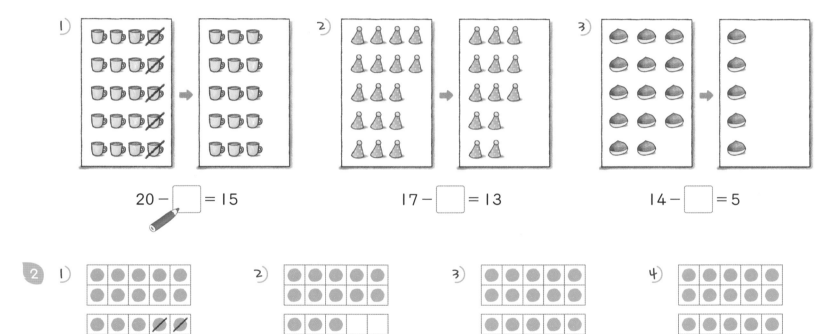

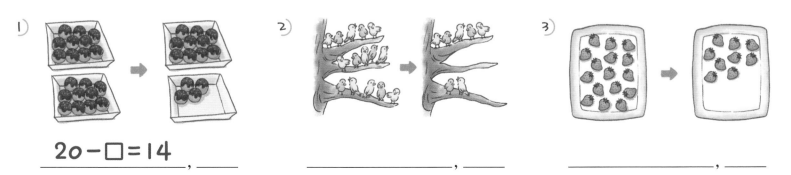

______, ______

EGG 덧셈에서 □의 값 구하기

1 식에 맞게 색칠하고 □ 안에 알맞은 수를 써넣으세요.

1)
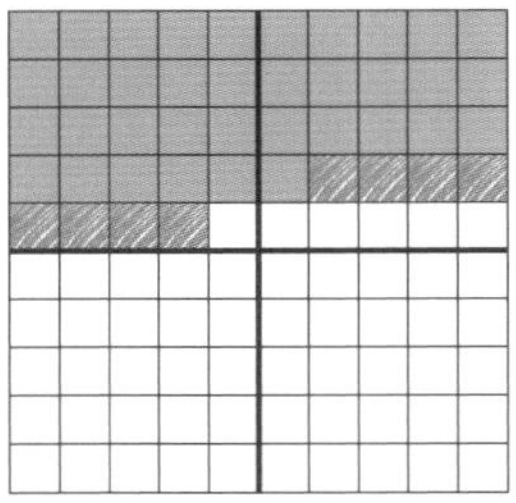

36 + □ = 44

2)
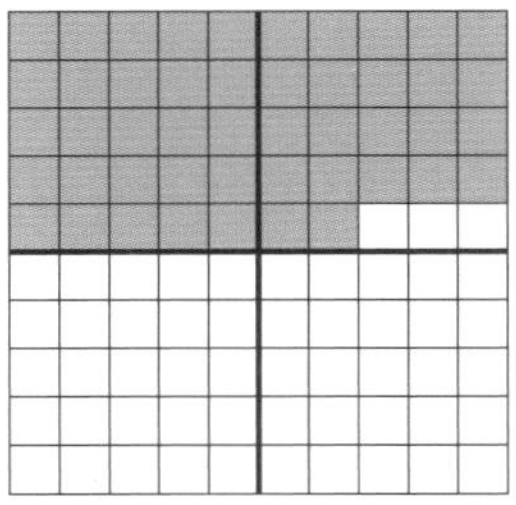

47 + □ = 52

3)
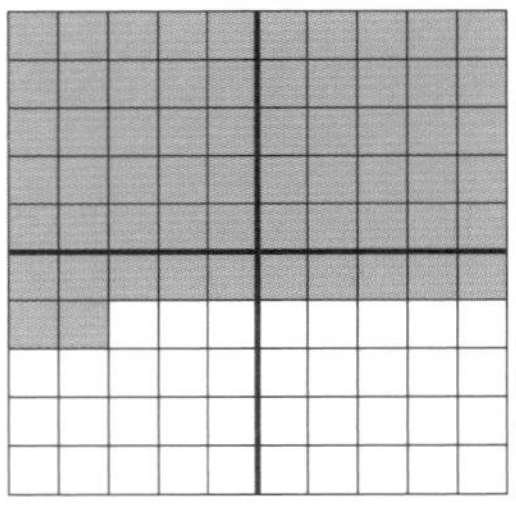

62 + □ = 71

4)
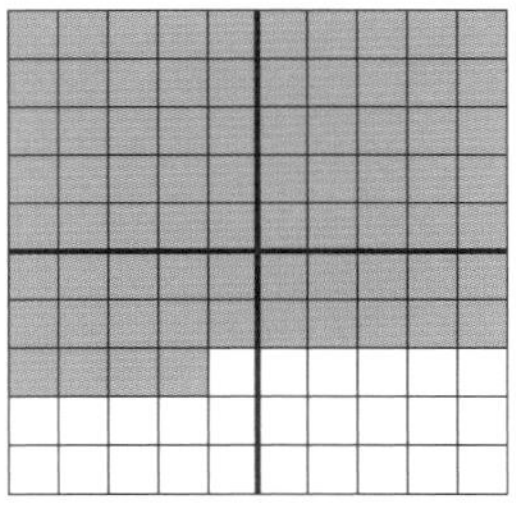

74 + □ = 80

2 식에 맞게 화살표로 나타내고 덧셈식을 완성해 보세요.

1) 38 + ____ = 43

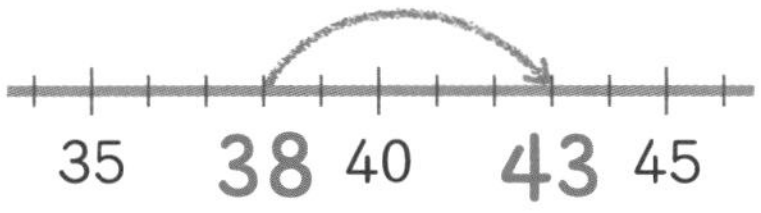

2) 59 + ____ = 62

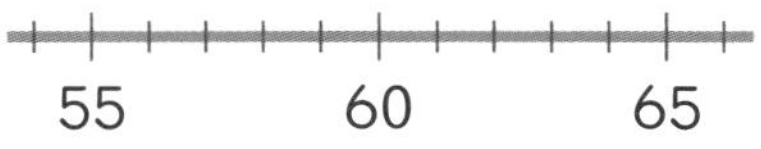

3) 45 + ____ = 51

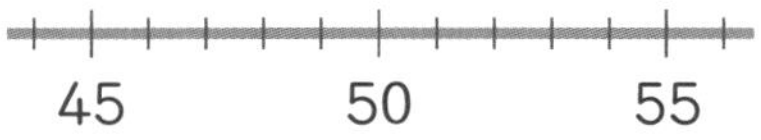

4) 86 + ____ = 95

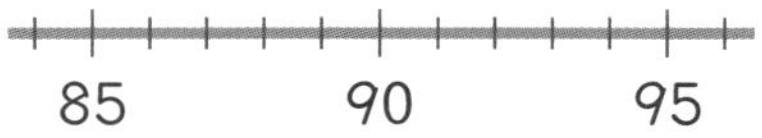

3

1)
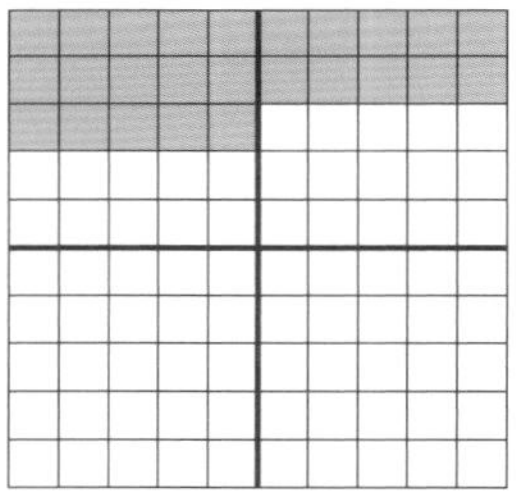

25 + ____ = 30

26 + ____ = 30

27 + ____ = 30

2)
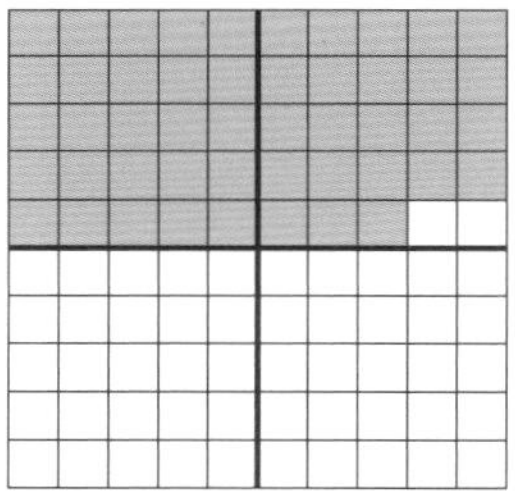

48 + ____ = 54

47 + ____ = 54

46 + ____ = 54

3)
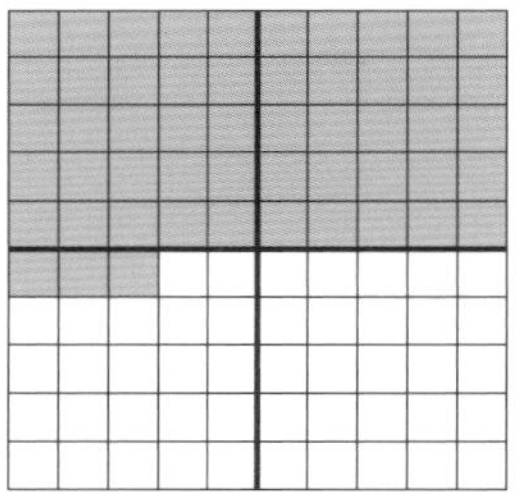

53 + ____ = 60

63 + ____ = 70

73 + ____ = 80

4)
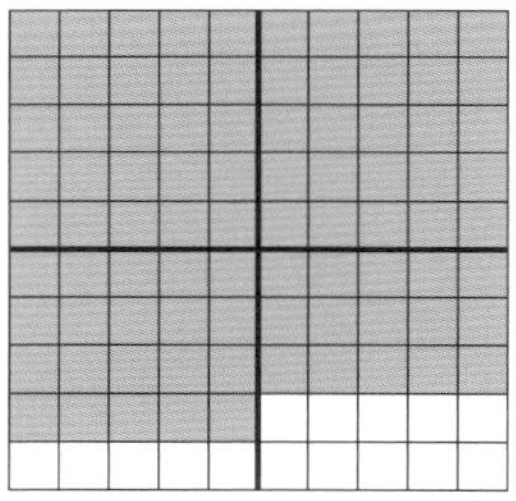

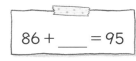

85 + ____ = 93

75 + ____ = 83

65 + ____ = 73

4

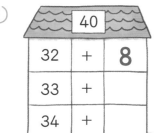

1) 40

32	+	8
33	+	
34	+	

2) 70

68	+	
67	+	
66	+	

3) 62

58	+	
56	+	
54	+	

4) 83

74	+	
76	+	
78	+	

뺄셈에서 □의 값 구하기

1 식에 맞게 지우고 □ 안에 알맞은 수를 써넣으세요.

1) 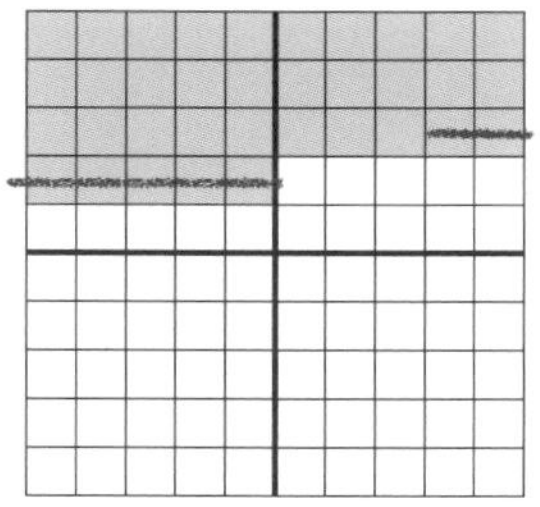

35 − □ = 28

2) 

52 − □ = 43

3) 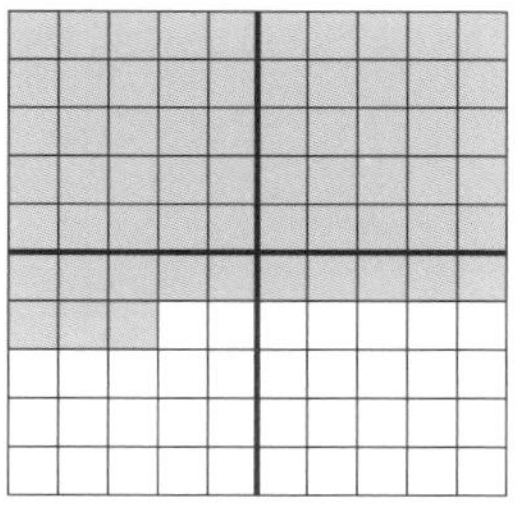

63 − □ = 55

4) 

84 − □ = 78

2 식에 맞게 화살표로 나타내고 뺄셈식을 완성해 보세요.

1) 33 − ___ = 24

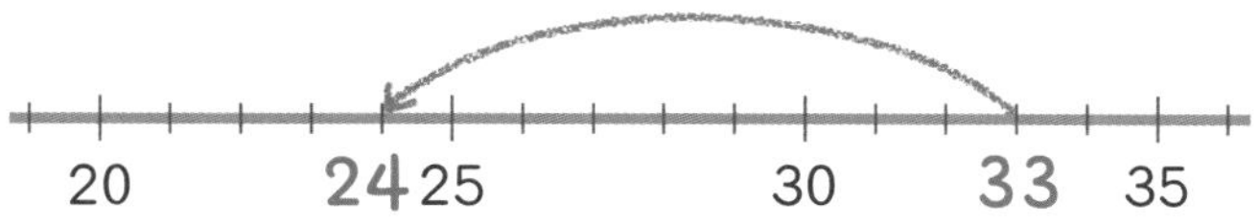

2) 81 − ___ = 74

3) 54 − ___ = 46

4) 72 − ___ = 63

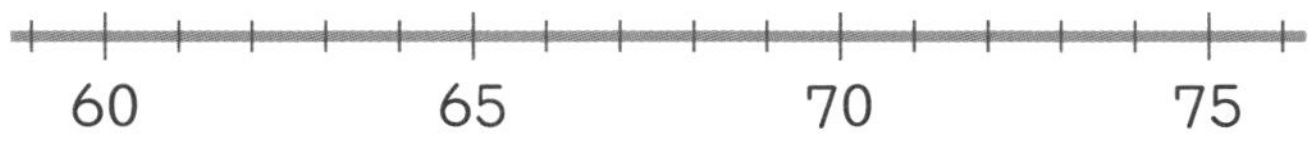

3

1) 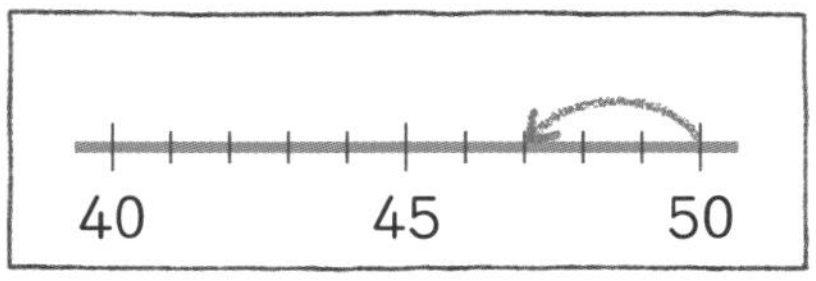

50 − ___ = 47
50 − ___ = 46
50 − ___ = 45

2) 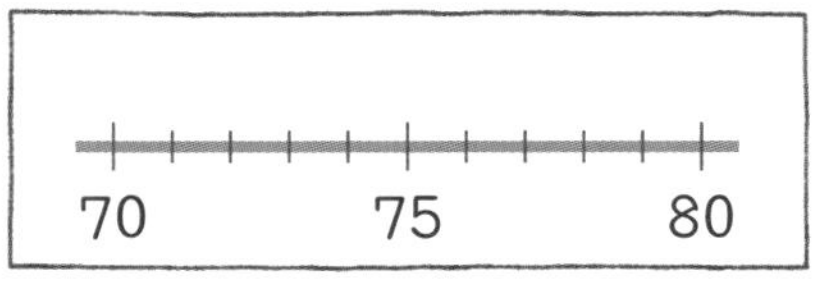

80 − ___ = 73
80 − ___ = 74
80 − ___ = 75

3) 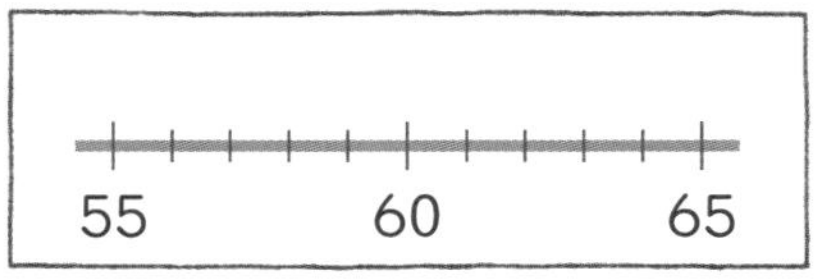

65 − ___ = 57
65 − ___ = 59
65 − ___ = 61

4

1)
60 − □ = 58
70 − □ = 68
80 − □ = 78
90 − □ = 88

2)
92 − □ = 85
82 − □ = 75
72 − □ = 65
62 − □ = 55

3)
70 − □ = 61
60 − □ = 53
50 − □ = 45
40 − □ = 37

4)
50 − □ = 43
40 − □ = 31
30 − □ = 27
20 − □ = 14

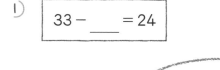

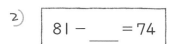

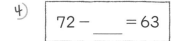

덧셈에서 □의 값 구하기

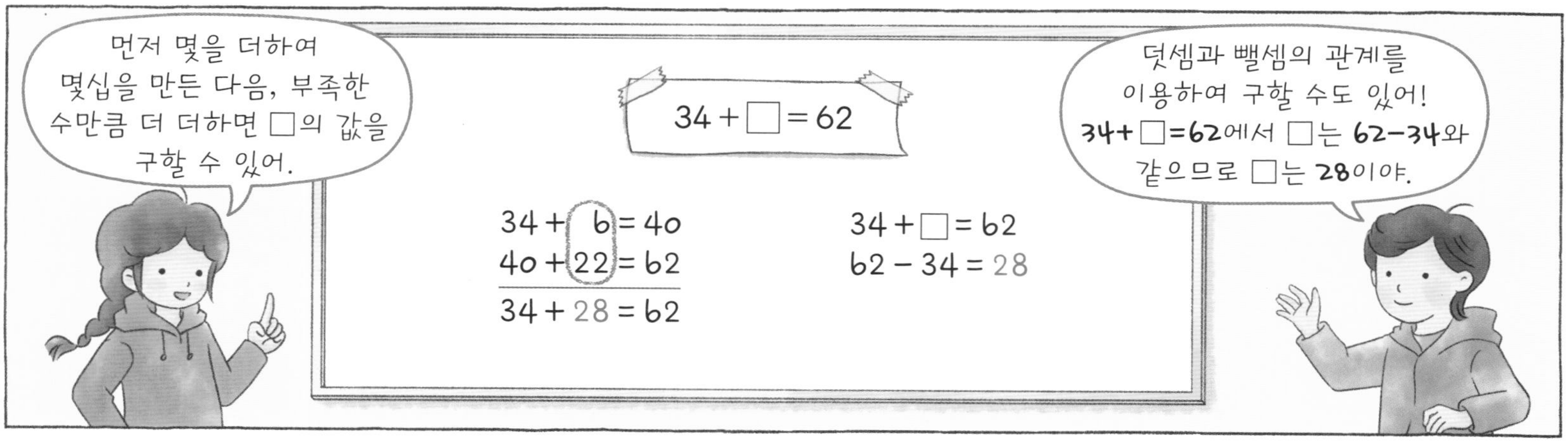

$34 + □ = 62$

$34 + 6 = 40$
$40 + 22 = 62$
$34 + 28 = 62$

$34 + □ = 62$
$62 - 34 = 28$

덧셈과 뺄셈의 관계를 이용하여 구할 수도 있어!
$34 + □ = 62$에서 □는 $62 - 34$와 같으므로 □는 28이야.

1 1)

$27 + \underline{\ \ 3\ \ } = 30$

$30 + \underline{\ \ 25\ \ } = 55$

➡ $27 + \underline{\quad} = 55$

2)

$43 + \underline{\quad} = 50$

$50 + \underline{\quad} = 72$

➡ $43 + \underline{\quad} = 72$

3)

$12 + \underline{\quad} = 20$

$\underline{\quad} + \underline{\quad} = 65$

➡ $12 + \underline{\quad} = 65$

4)

$55 + \underline{\quad} = 60$

$\underline{\quad} + \underline{\quad} = 81$

➡ $55 + \underline{\quad} = 81$

2 1)

$4 + 43$

$36 + \underline{\quad} = 83$

$36 + \underline{\ 4\ } = \underline{\ 40\ }$

$\underline{\ 40\ } + \underline{\ 43\ } = 83$

먼저 몇을 더하여 몇십을 만든 다음 계산해 봐.

2)

$23 + \underline{\quad} = 61$

$23 + \underline{\quad} = \underline{\quad}$

$\underline{\quad} + \underline{\quad} = 61$

3)

$57 + \underline{\quad} = 72$

$57 + \underline{\quad} = \underline{\quad}$

$\underline{\quad} + \underline{\quad} = 72$

4)

$42 + \underline{\quad} = 74$

$\underline{\quad} + \underline{\quad} = \underline{\quad}$

$\underline{\quad} + \underline{\quad} = 74$

5)

$29 + \underline{\quad} = 56$

$\underline{\quad} + \underline{\quad} = \underline{\quad}$

$\underline{\quad} + \underline{\quad} = 56$

6)

$48 + \underline{\quad} = 82$

$\underline{\quad} + \underline{\quad} = \underline{\quad}$

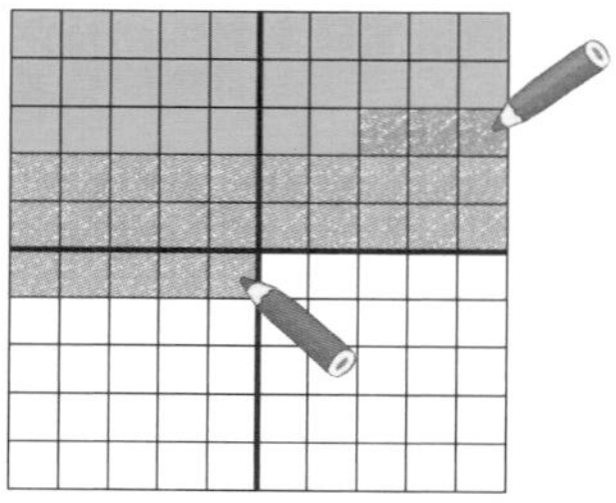

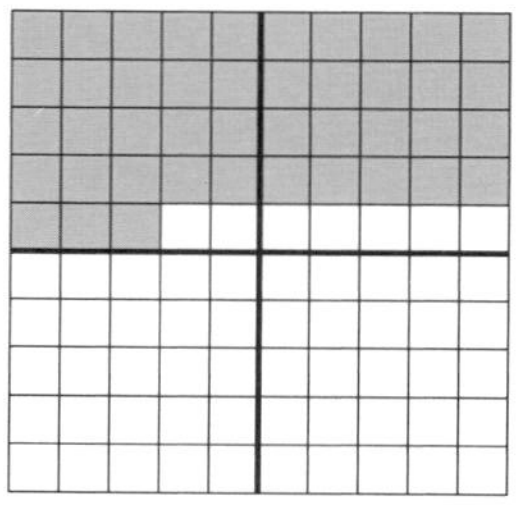

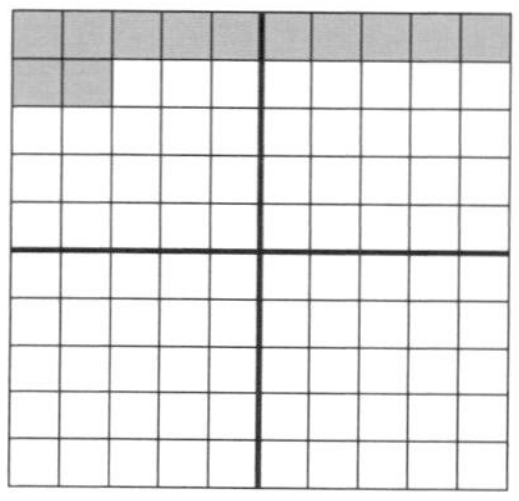

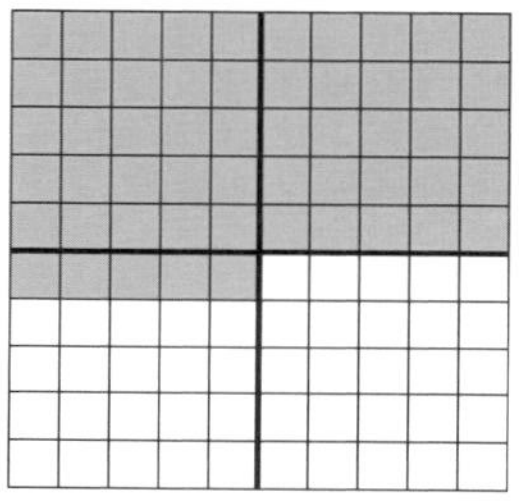

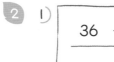

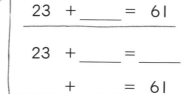

덧셈에서 □의 값 구하기

3 □를 사용하여 덧셈식으로 나타내고 덧셈과 뺄셈의 관계를 이용하여 □의 값을 구해 보세요.

1)

26	□
50	

26 + □ = 50

➡ 50 − 26 = ____

2)

47	□
63	

____

➡ ____ − ____ = ____

3)

25	□
81	

____

➡ ____ − ____ = ____

4 여러 가지 방법으로 □의 값을 구해 보세요.

1) 52 + □ = 90 ____

52+8=60 60+	90−

2) 38 + □ = 85 ____

5

1)
18 + ____ = 40
16 + ____ = 40
14 + ____ = 40
12 + ____ = 40

2)
41 + ____ = 80
43 + ____ = 80
45 + ____ = 80
47 + ____ = 80

3)
26 + ____ = 43
36 + ____ = 53
46 + ____ = 63
56 + ____ = 73

4)
78 + ____ = 92
58 + ____ = 82
38 + ____ = 72
18 + ____ = 62

6 규칙에 맞지 않는 수 하나를 찾아 바르게 고치고 빈칸에 알맞은 수를 써넣으세요.

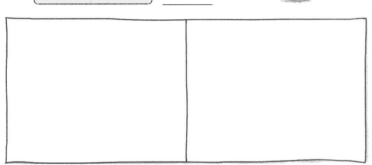

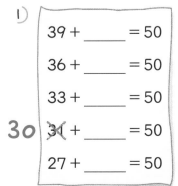

1)
39 + ____ = 50
36 + ____ = 50
33 + ____ = 50
30 ~~31~~ + ____ = 50
27 + ____ = 50

2)
88 + ____ = 90
77 + ____ = 80
66 + ____ = 70
55 + ____ = 60
43 + ____ = 50

3)
21 + ____ = 60
23 + ____ = 64
25 + ____ = 68
27 + ____ = 71
29 + ____ = 76

4)
35 + ____ = 54
40 + ____ = 64
44 + ____ = 74
50 + ____ = 84
55 + ____ = 94

EGG

뺄셈에서 □의 값 구하기

1 빈칸에 알맞은 수를 써넣어 □의 값을 구해 보세요.

1) 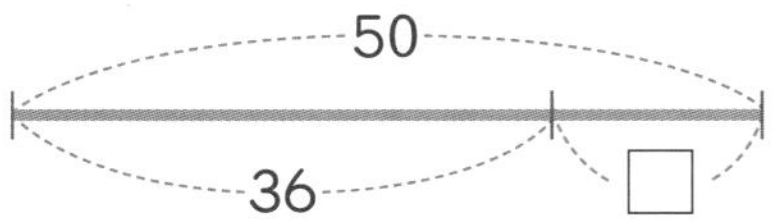

50 − □ = 36

➡ 50 − ____ = □

____

2) 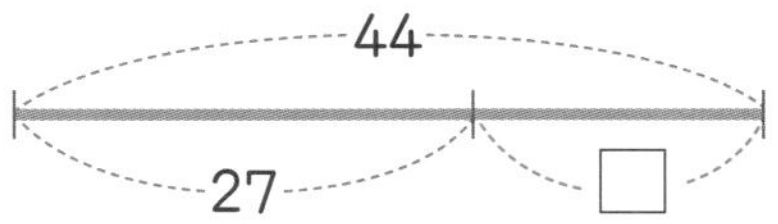

44 − □ = 27

➡ ____ − ____ = □

____

3) 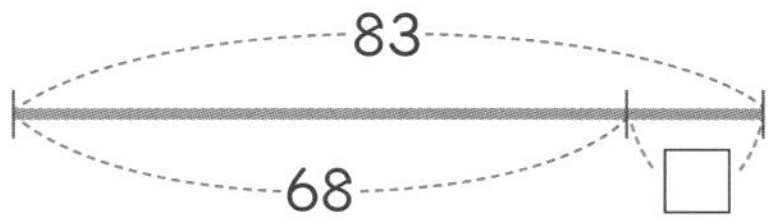

83 − □ = 68

➡ ____ − ____ = □

____

4) 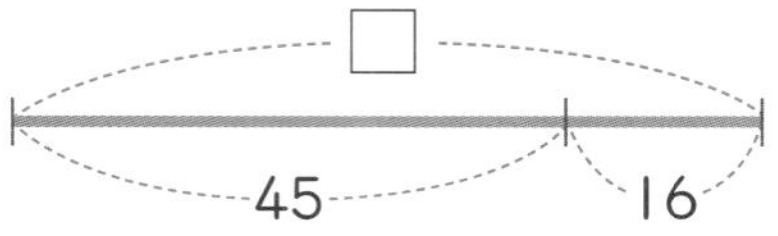

□ − 45 = 16

➡ ____ + ____ = □

____

5) 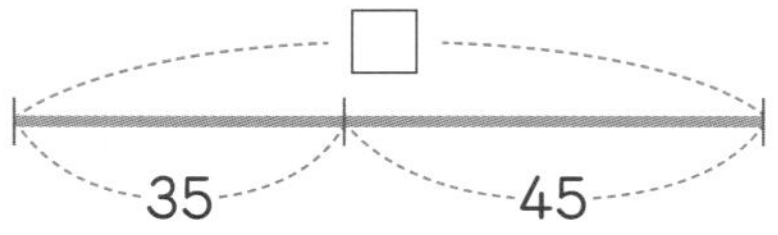

□ − 35 = 45

➡ ____ + ____ = □

____

6) 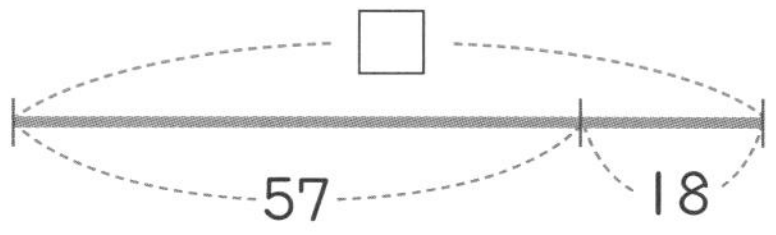

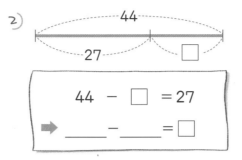

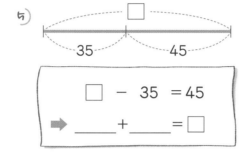

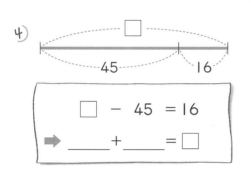

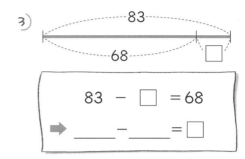

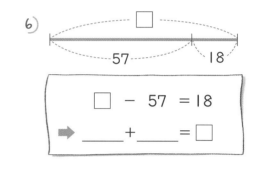

□ − 57 = 18

➡ ____ + ____ = □

____

2

1)

70 − □ = 55

80 − □ = 67

40 − □ = 16

2)

30 − □ = 13

50 − □ = 27

40 − □ = 21

3)

65 − □ = 37

45 − □ = 16

55 − □ = 28

4)

32 − □ = 16

74 − □ = 36

93 − □ = 46

5) □의 값을 어떻게 구했는지 이야기해 보세요.

____

3 덧셈과 뺄셈의 관계를 이용하여 □ 안에 알맞은 수를 구해 보세요.

1) □ − 43 = 50

50 + 43 = 93

2) □ − 18 = 25

25 + 18 = □

3) □ − 37 = 58

58 + 37 = □

4) □ − 5 = 46

46 + 5 = □

5) □ − 39 = 13

13 + 39 = □

6) □ − 26 = 64

64 + 26 = □

뺄셈에서 □의 값 구하기

4 빈칸에 알맞은 수를 써넣어 동물들의 나이를 구하고, 나이가 가장 적은 동물에 ○표 하세요.

나는 14년 전에 20살이었어.
−14
20
+

____살

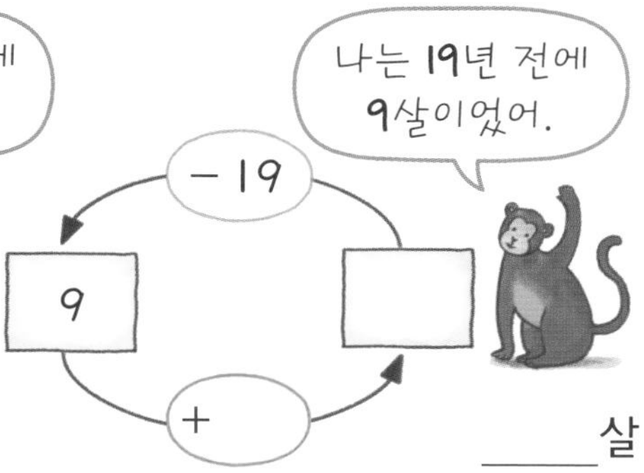

나는 19년 전에 9살이었어.
−19
9
+

____살

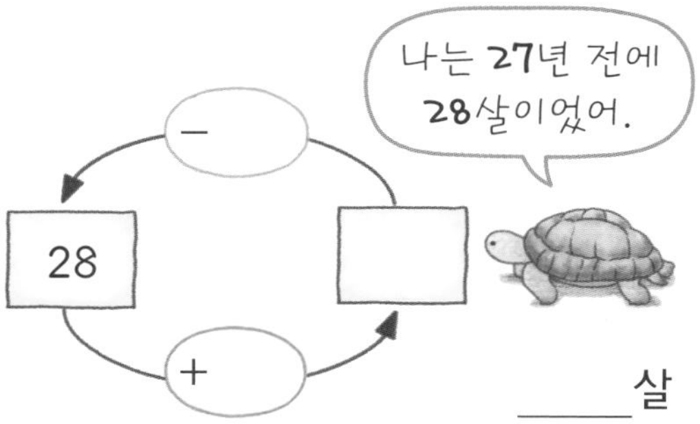

나는 27년 전에 28살이었어.
−
28
+

____살

5 1) □ $\xrightarrow{-6}$ 60 $\xrightarrow{-□}$ 48 $\xrightarrow{-□}$ 26 $\xrightarrow{+□}$ 41

(거꾸로: +□, +□, +□, −□)

2) 70 $\xrightarrow{-□}$ 52 $\xrightarrow{+□}$ □ $\xrightarrow{-23}$ 58 $\xrightarrow{-□}$ 45

(거꾸로: +□, −29, +□, +□)

빈칸에 알맞은 수를 모두 써넣어 봐!

6 팽이를 30개 가지고 있었는데 그중 몇 개를 친구에게 주었더니 14개가 남았어요.

1) 친구에게 준 팽이의 수를 □로 하여 식을 만들어 보세요.

식 ________________

2) 친구에게 준 팽이는 몇 개일까요?

답 ____개

7 가지고 있던 컵 중에서 28개를 선물로 주고 43개가 남았어요.

1) 처음에 가지고 있던 컵의 수를 □로 하여 식을 만들어 보세요.

식 ________________

2) 처음에 가지고 있던 컵은 몇 개일까요?

답 ____개

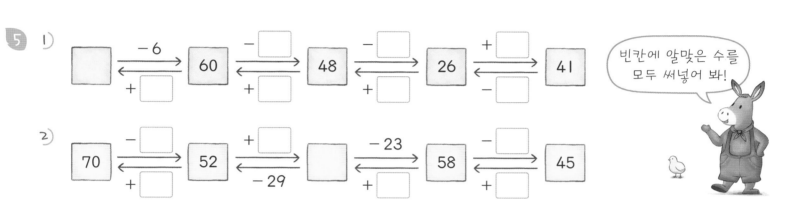

8 □를 사용한 식을 만들어 빈칸에 알맞은 수를 구해 보세요.

1) 65 (⊖ →)

83	
	27
84	
	26

83 − □ = 65

□ − 27 = 65

2) 26 (⊖ →)

	53
63	
35	
	18

3) 49 (⊖ →)

55	
86	
	44
77	

EGG □를 사용한 덧셈 연습

1 □의 값을 찾아 ○표 하세요.

1) $75 + \square = 83$

7	8	9

2) $\square + 48 = 72$

24	25	26

3) $66 + \square = 89$

13	23	33

4) $\square + 19 = 74$

35	45	55

2 □의 값이 같은 것끼리 선으로 이어 보세요.

$25 + \square = 41$　　$\square + 91 = 98$　　$\square + 73 = 95$　　$45 + \square = 64$　　$84 + \square = 93$

$59 + \square = 81$　　$\square + 14 = 30$　　$\square + 33 = 42$　　$37 + \square = 44$　　$\square + 64 = 83$

3

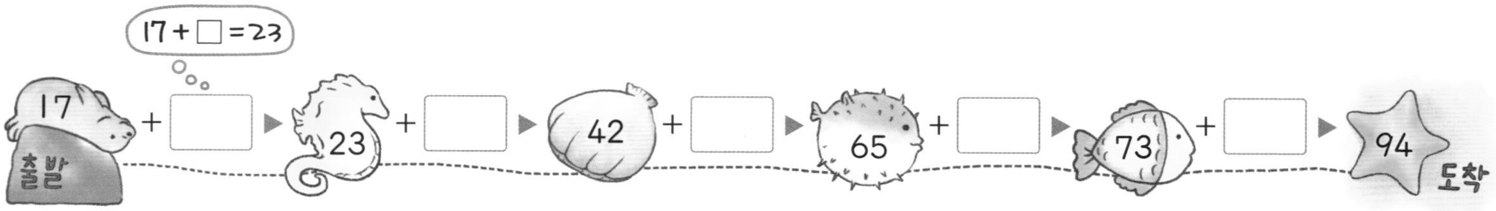

4

1)
$25 + \_\_\_ = 53$
$26 + \_\_\_ = 53$
$27 + \_\_\_ = 53$
$28 + \_\_\_ = 53$

2)
$31 + \_\_\_ = 60$
$33 + \_\_\_ = 60$
$35 + \_\_\_ = 60$
$37 + \_\_\_ = 60$

3)
$86 + \_\_\_ = 93$
$76 + \_\_\_ = 93$
$56 + \_\_\_ = 93$
$46 + \_\_\_ = 93$

4) 서로 다른 식 만들기
$\_\_\_ + \_\_\_ = 72$
$\_\_\_ + \_\_\_ = 72$
$\_\_\_ + \_\_\_ = 72$
$\_\_\_ + \_\_\_ = 72$

5 규칙을 찾아 빈칸에 알맞은 수를 써넣으세요.

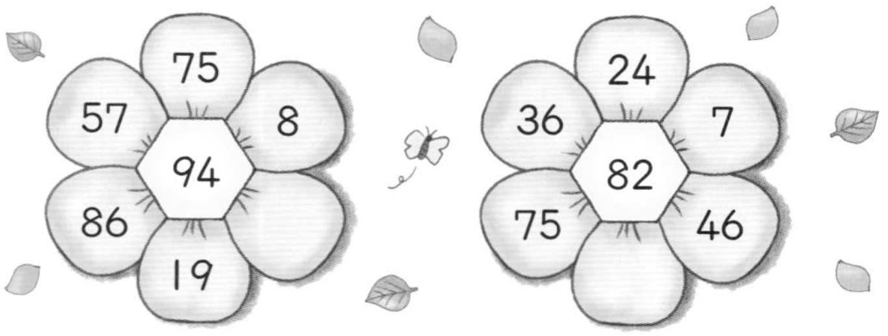

6 같은 모양은 같은 수를 나타낼 때 빈칸에 알맞은 수를 구해 보세요.

1)
♥ + 17 = 34
___ + ♥ = 52

2)
55 + ★ = 91
★ + ___ = 64

7 어떤 수를 □로 하여 식을 만들고 어떤 수를 구해 보세요.

1) 25와 어떤 수의 합은 63입니다.

식 ____________

답 ____

2) 어떤 수와 47의 합은 92입니다.

식 ____________

답 ____

8

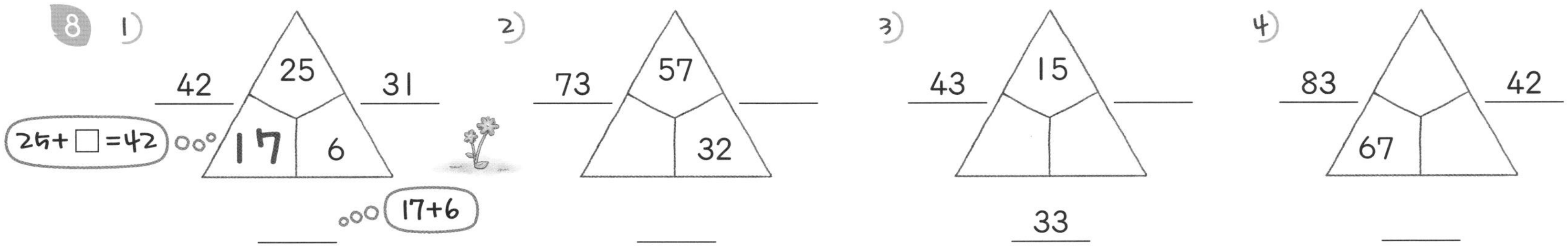

9 아래 두 수의 합이 위의 수가 되도록 빈칸에 알맞은 수를 써넣으세요.

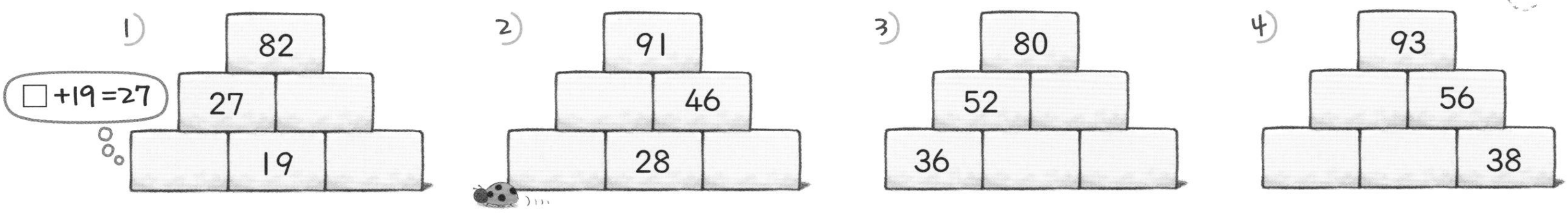

10 아래 두 수의 합이 위의 수가 되도록 주어진 3개의 수를 맨 아래 칸에 알맞게 써넣으세요.

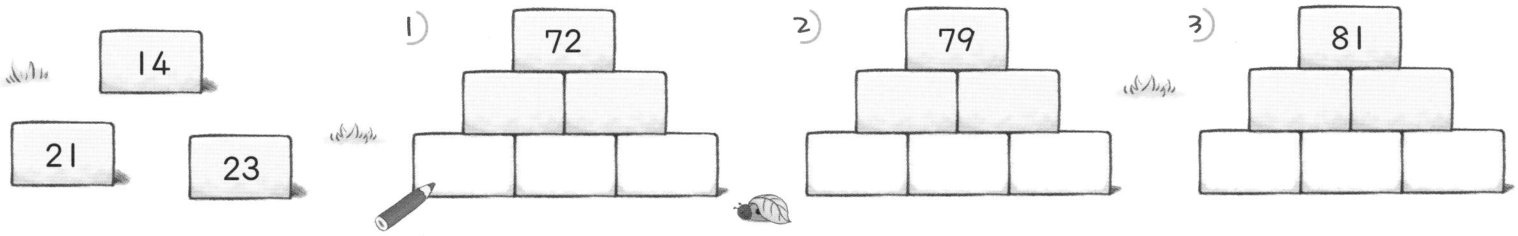

11 □를 사용하여 식을 만들고 답을 구해 보세요.

1) 빨간 구슬만 들어 있던 유리병에 파란 구슬 8개를 넣었더니 구슬이 모두 34개가 되었어요. 유리병에 들어 있는 빨간 구슬은 몇 개일까요?

식 ____________

답 ____개

2) 수지는 종이학을 28개 접었어요. 종이학이 75개가 되려면 몇 개를 더 접어야 할까요?

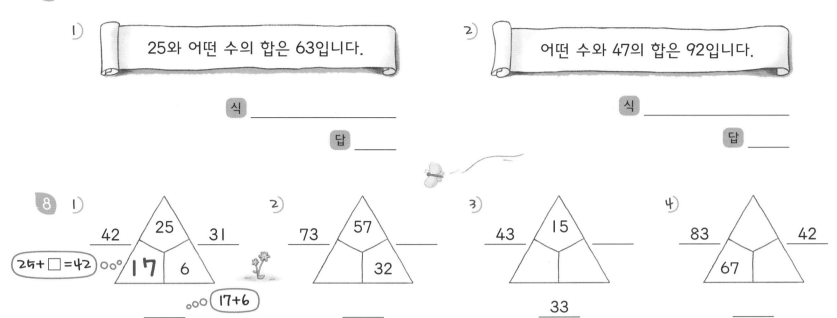

식 ____________

답 ____개

□를 사용한 덧셈 연습

1

1) 14, 35, 59, ( ) → + ____ → 32, ( ), ( ), 42

14+□=32

2) ( ), 37, 59, ( ) → + ____ → 65, 60, ( ), 32

3) 45, ( ), ( ), ( ) → + ____ → 81, 79, 63, 92

2 삼각형 안의 이웃한 두 수의 합이 삼각형 밖의 수가 되도록 주어진 세 수를 빈칸에 써넣으세요.

먼저
합이 24가 되는
두 수를 찾아 알맞게
써넣어 봐!

1) 8 16 26 — 24, 34, 42

2) 13 16 18 — 29, 34, 31

3) 9 15 26 — 24, 35, 41

4) 7 14 24 — 21, 38, 31

3

1)

□+8=15

+	7	14
8	15	22
17		
	30	

2)

+	6	19		
16			43	
	31		52	
49				91

3)

+		8		
		36		
34	69		63	
			42	60

4

1)

□+40=74

74	
	40
	28
39	
26	

2)

93	
77	
	26
	41
68	

3)

22+□=85

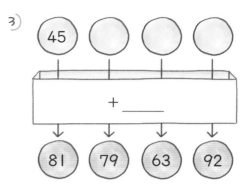

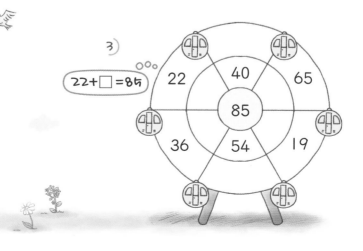

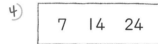

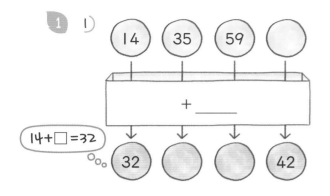

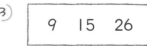

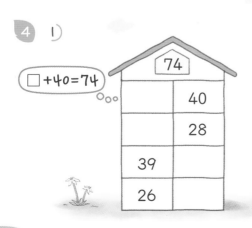

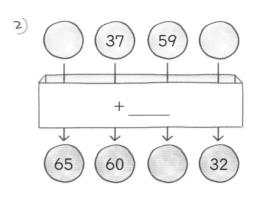

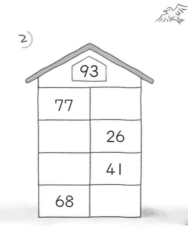

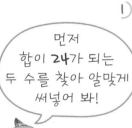

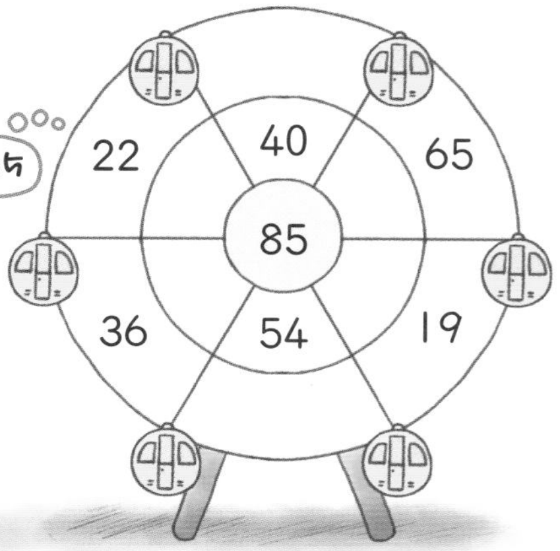

22
40
65
85
36
54
19

100이 되는 식에서 □의 값 구하기

1

1)

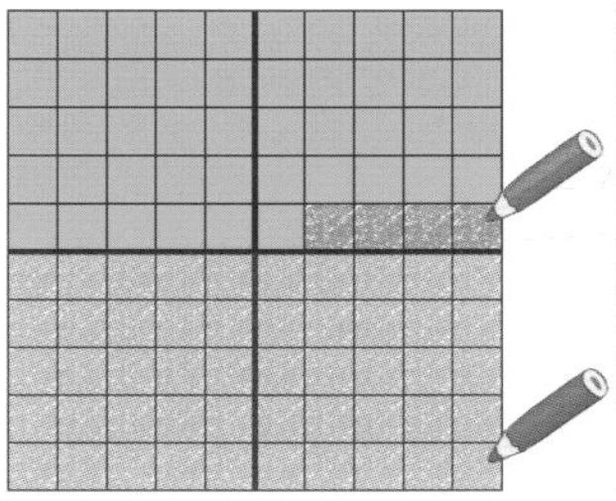

46 + 4 = 50

50 + 50 = 100

➡ 46 + ____ = 100

2)

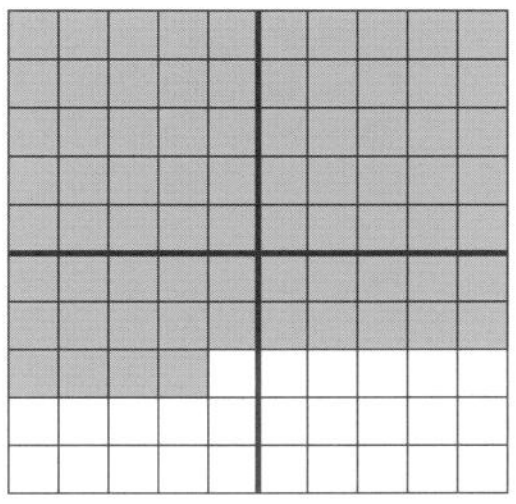

74 + ____ = 80

80 + ____ = 100

➡ 74 + ____ = 100

3)

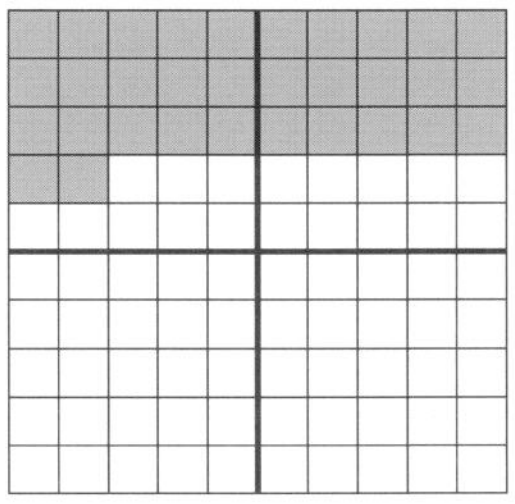

32 + ____ = 40

40 + ____ = 100

➡ 32 + ____ = 100

4)

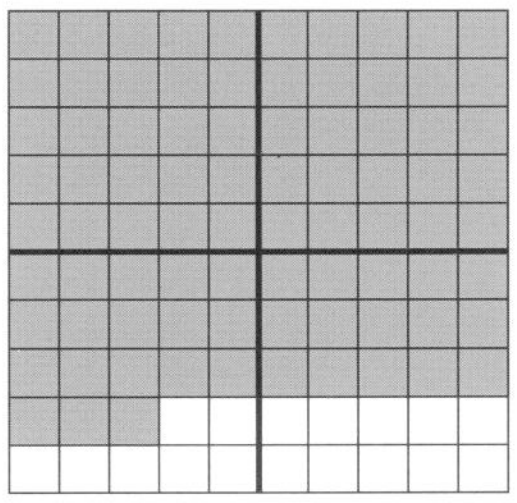

83 + ____ = 90

90 + ____ = 100

➡ 83 + ____ = 100

2

1)

45 + ____ = 100

45 + 5 = 50

50 + ____ = 100

2)

68 + ____ = 100

68 + ____ = ____

____ + ____ = 100

3)

57 + ____ = 100

57 + ____ = ____

____ + ____ = 100

먼저 몇을 더해서 몇십을 만든 다음 100이 되도록 더 더하면 돼.

3

1)

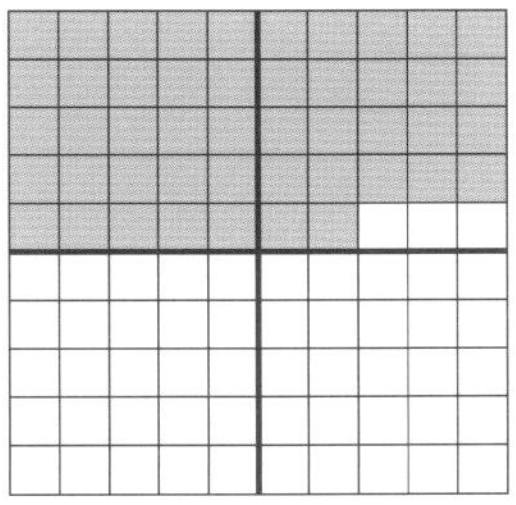

47 + ____ = 100

48 + ____ = 100

2)

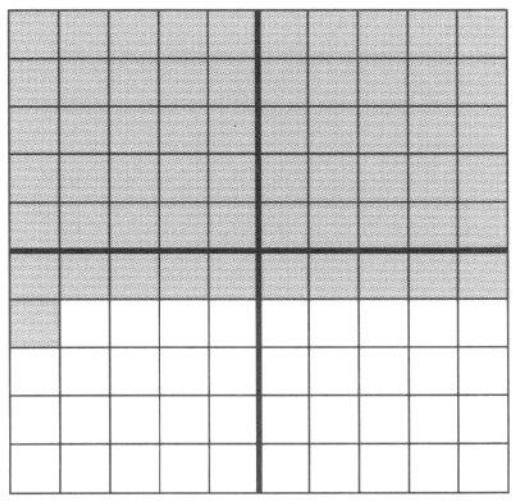

61 + ____ = 100

51 + ____ = 100

3)

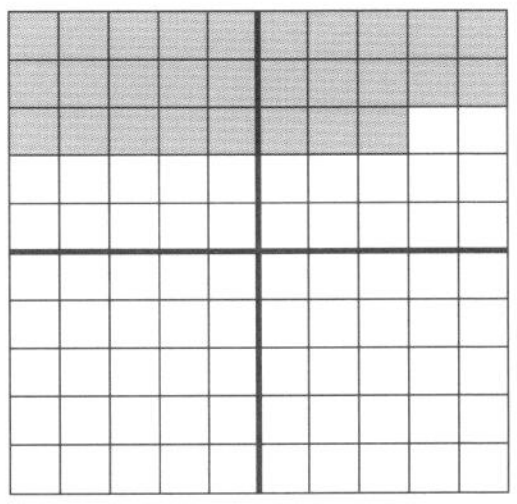

28 + ____ = 100

38 + ____ = 100

4)

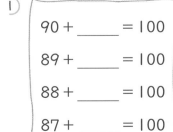

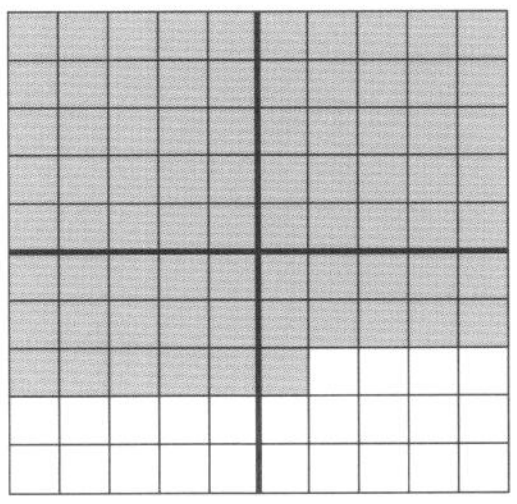

76 + ____ = 100

75 + ____ = 100

4

1)

90 + ____ = 100

89 + ____ = 100

88 + ____ = 100

87 + ____ = 100

2)

52 + ____ = 100

54 + ____ = 100

56 + ____ = 100

58 + ____ = 100

3)

15 + ____ = 100

35 + ____ = 100

55 + ____ = 100

75 + ____ = 100

4)

41 + ____ = 100

53 + ____ = 100

65 + ____ = 100

77 + ____ = 100

EGG □를 사용한 뺄셈 연습

1 □의 값을 찾아 ○표 하세요.

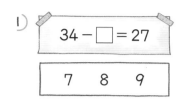

1) 34 − □ = 27
7 8 9

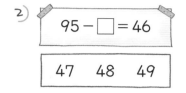

2) 95 − □ = 46
47 48 49

3) 75 − □ = 47
18 28 38

4) 42 − □ = 15
7 17 27

2 □의 값이 같은 것끼리 선으로 이어 보세요.

53 − □ = 16 81 − □ = 63 □ − 25 = 36 65 − □ = 29 □ − 34 = 38

45 − □ = 27 □ − 29 = 7 □ − 15 = 22 93 − □ = 32 □ − 16 = 56

3

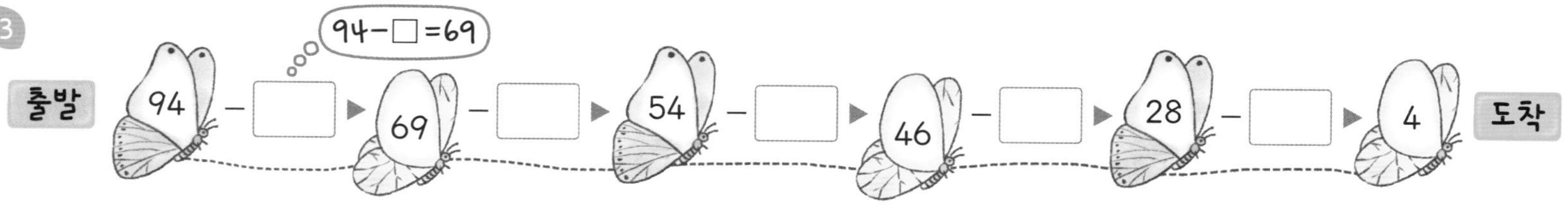

4

1)
51 − ______ = 35
53 − ______ = 35
55 − ______ = 35
57 − ______ = 35

2)
81 − ______ = 49
78 − ______ = 49
75 − ______ = 49
72 − ______ = 49

3)
62 − ______ = 54
72 − ______ = 44
82 − ______ = 34
92 − ______ = 24

4) 서로 다른 식 만들기
______ − ______ = 58
______ − ______ = 58
______ − ______ = 58
______ − ______ = 58

5 규칙을 찾아 빈칸에 알맞은 수를 써넣으세요.

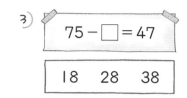

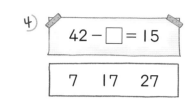

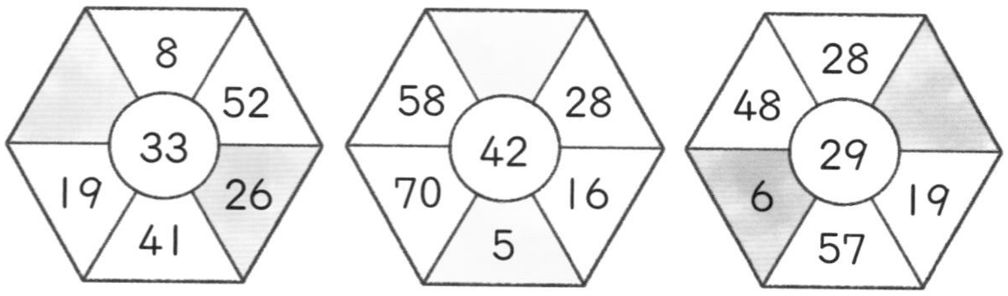

6 같은 모양은 같은 수를 나타낼 때 빈칸에 알맞은 수를 구해 보세요.

1)
71 − ★ = 29
★ − 23 = ______

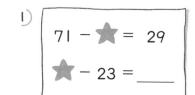

2)
⬢ − 56 = 16
90 − ⬢ = ______

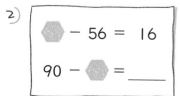

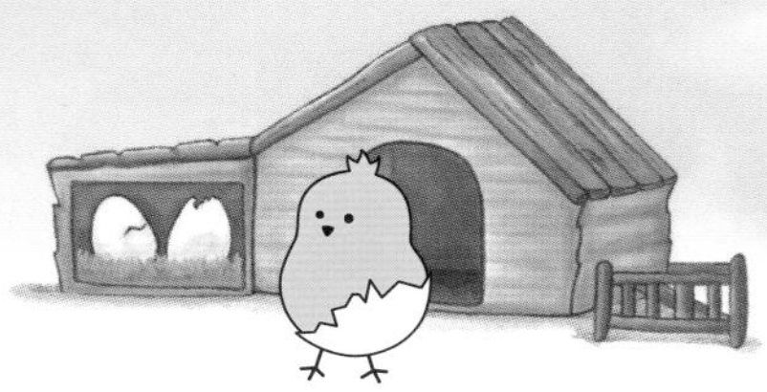

7 어떤 수를 □로 하여 식을 만들고 어떤 수를 구해 보세요.

1) 81에서 어떤 수를 빼면 37입니다.

식 ______________ 답 ______

2) 어떤 수에서 22를 빼면 19입니다.

식 ______________ 답 ______

8 삼각형 안의 이웃한 두 수의 차가 삼각형 밖의 수가 되도록 빈칸에 알맞은 수를 써 보세요.

1)
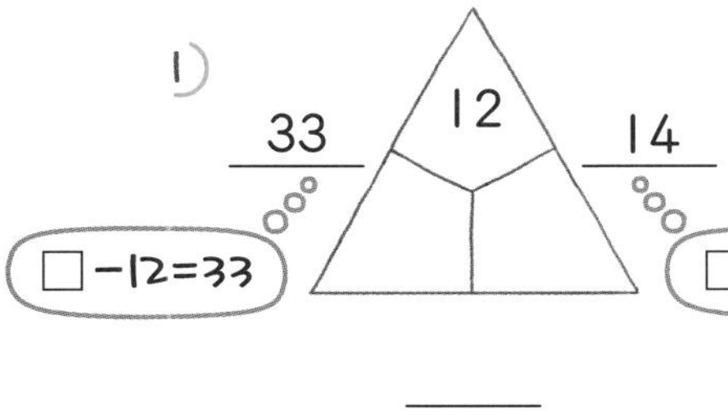

2)
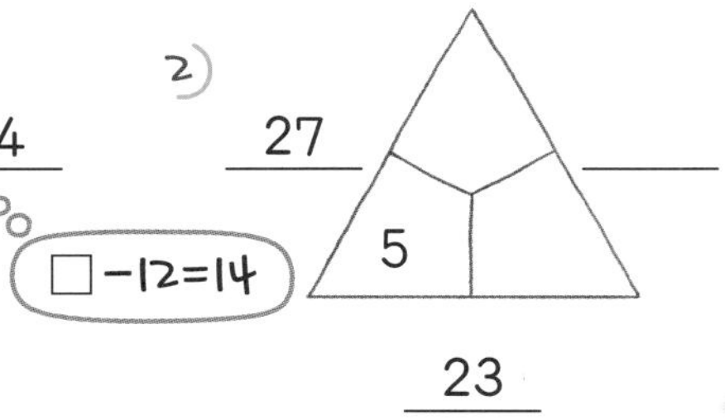

3)
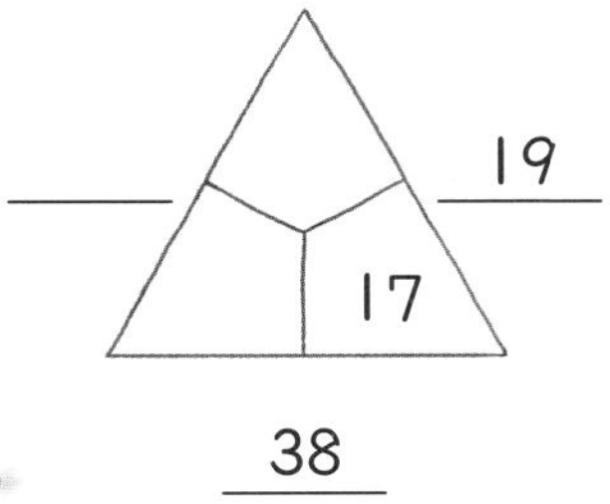

4)
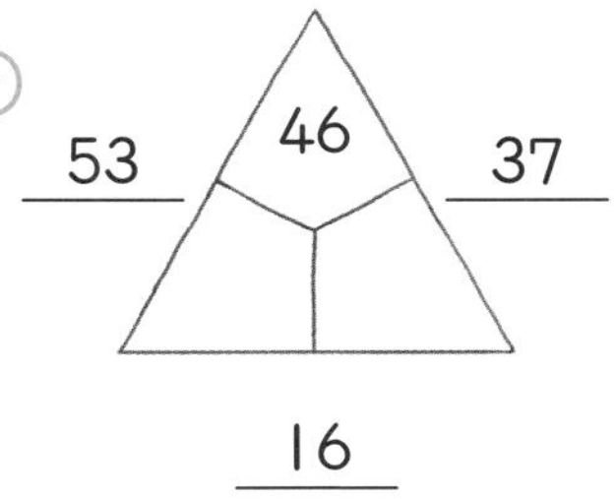

9 위의 두 수의 차가 아래의 수가 되도록 빈칸에 알맞은 두 자리 수를 써넣으세요.

1)
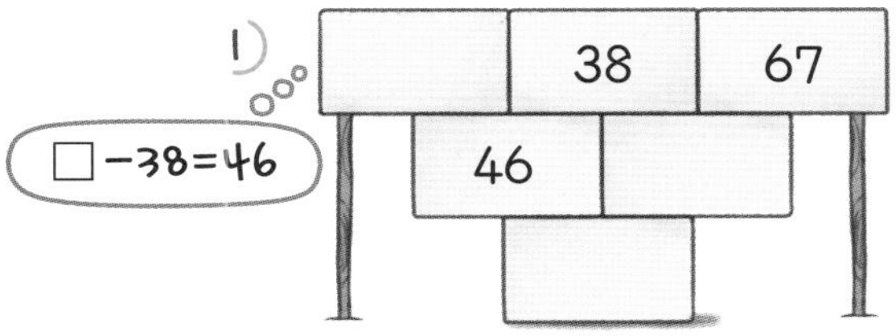

2)
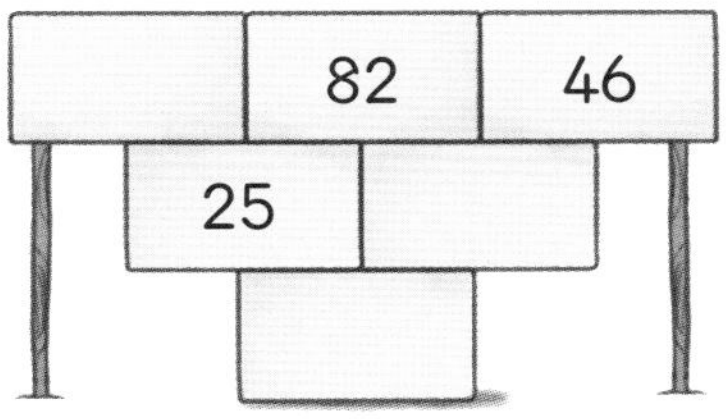

3)
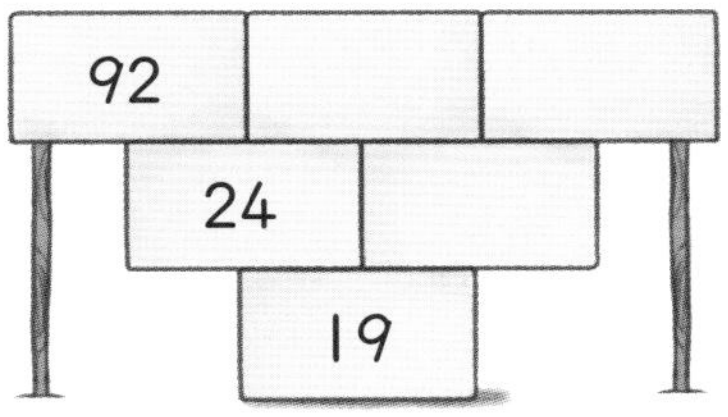

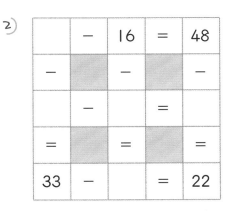

10 1)

43−□=16

43−□=28

43	−		=	16
−		−		−
	−		=	2
=		=		=
28	−		=	14

2)

	−	16	=	48
−		−		−
	−		=	
=		=		=
33	−		=	22

3)

72	−		=	23
−		−		−
	−	11	=	
=		=		=
46	−		=	8

11 □를 사용하여 식을 만들고 답을 구해 보세요.

1) 지민이가 읽고 있는 책은 73쪽짜리예요. 그중 몇 쪽을 읽고 46쪽이 남았다면 읽은 것은 몇 쪽일까요?

식 ______________ 답 ______쪽

2) 윤호는 가지고 있던 초콜릿 중 26개를 지아에게 주고 24개가 남았어요. 윤호가 처음에 가지고 있었던 초콜릿은 몇 개일까요?

식 ______________ 답 ______개

EGG □를 사용한 뺄셈 연습

1

1) 85, 31, ( ), 62 → − ____ → 76, ( ), 37, ( )

85 − □ = 76

2) 55, 32, ( ), ( ) → − ____ → ( ), 18, 46, 42

3) 98, ( ), ( ), ( ) → − ____ → 73, 45, 17, 29

2 삼각형 안의 이웃한 두 수의 차가 삼각형 밖의 수가 되도록 주어진 세 수를 빈칸에 알맞게 써넣으세요.

먼저 차가 **8**인 두 수를 찾고, 남은 수를 가장 위 칸에 써넣어 봐!

1) 49 57 64

7 / 64 / 15 / 8

64 − □ = 7

64 − □ = 15

2) 9 16 33

24 / 7 / 17

3) 48 58 74

16 / 26 / 10

4) 25 47 52

27 / 22 / 5

3

1)

−	44	51
26	18	
		32
	30	

44 − □ = 18

2)

−	80		65	
53		25		20
	71		56	
	56			49

3)

−		71		
	48		55	
57	29			
		26	48	39

4

1) 38 ⊖ →

□ − 50 = 38

	50
	28
93	
57	

2) 15 ⊖ →

90 − □ = 15

90	
	46
	39
73	

5

53, 48, 85, 49, 22, 76, 19

76 − □ = 49

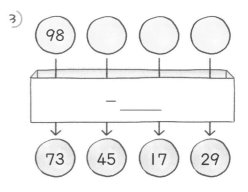

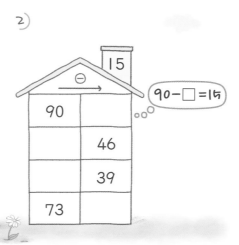

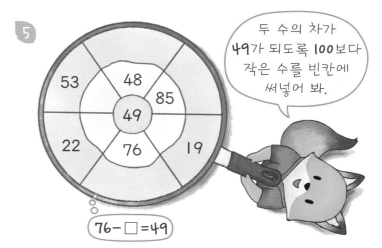

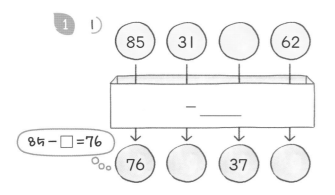

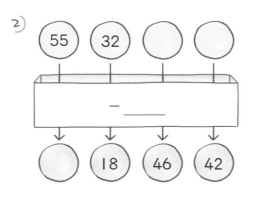

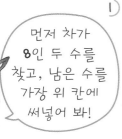

두 수의 차가 **49**가 되도록 **100**보다 작은 수를 빈칸에 써넣어 봐.

□가 있는 덧셈과 뺄셈 연습

1

1) ____ + 35 = 72　　72 − 35 = ____

2) ____ + 74 = 90　　90 − ____ = ____

3) ____ − 24 = 40　　40 + ____ = ____

4) ____ − 62 = 19　　19 + ____ = ____

2 관계있는 식끼리 선으로 잇고 빈칸에 알맞은 수를 써넣으세요.

45 + 18 = 63	____ + 16 = 30	____ − 36 = 24	73 − ____ = 57	63 + 27 = ____
30 − ____ = 16	____ − 27 = 63	63 − 18 = 45	24 + 36 = ____	57 + ____ = 73

3

1) (+17) ↓　　(−) ↑

	39		77	
42		23		60

2) (+) ↓　　(−) ↑

	26			79
83	41	50	65	

4 □를 사용하여 식을 만들고 □의 값을 구해 보세요.

1)

내가 모은 구슬과 선물 받은 구슬 28개를 합하였더니 모두 92개가 되었어.

□ + 28 = 92

92 − 28 =

____

2)

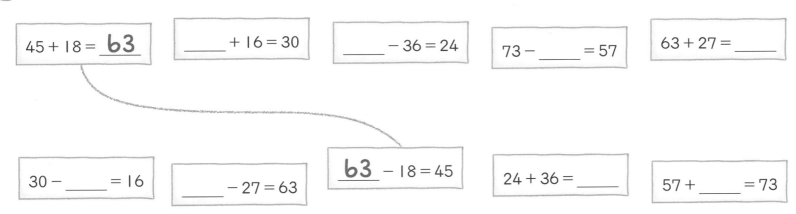

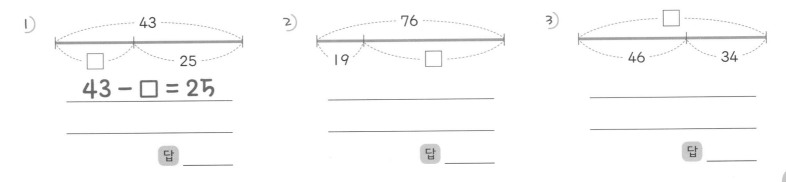

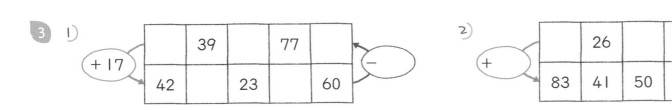

내가 만든 쿠키 중 18개를 먹었더니 15개가 남았어.

____

____

____

5 그림을 보고 □를 사용한 식을 2개 만들고 □의 값을 구해 보세요.

1) 전체 43, □, 25

43 − □ = 25

____

답 ____

2) 전체 76, 19, □

____

____

답 ____

3) 전체 □, 46, 34

____

____

답 ____

EGG □가 있는 덧셈과 뺄셈 연습

1

1) ○ → +13 → 22 → +□ → 40 → −15 → ○ → −□ → 9

2) ○ → +8 → 42 → −17 → ○ → +□ → 54 → −□ → 36

3) ○ → −26 → ○ → +12 → 51 → −□ → ○ → +14 → 40

2

1) 15 → +_____ → 43 → +_____ → 91

2) ○ → −18 → 17 → +_____ → 33

3) 72 → −_____ → 56 → −_____ → 18

4) ○ → +24 → 62 → −_____ → 39

3

모두 84포기를 심어야 하는데 지금까지 35포기를 심었으니까……

1) 더 심어야 하는 모종 수를 □로 나타낸 식을 찾아 ☑표 하고, □의 값을 구해 보세요.

□ 35 + 84 = □   □ 84 − □ = 45   □ 35 + □ = 84

_____

2) 가지고 있던 모종 중 84포기를 심고 9포기가 남았다면 처음에 가지고 있던 모종은 모두 몇 포기일까요?

식 ________________ 답 _____포기

4

우리는 쌀 76포대를 주문했는데 92포대를 가져오셨네요.

1) 다시 가져가야 할 포대 수를 □로 나타낸 식을 찾아 ☑표 하고, □의 값을 구해 보세요.

□ 92 + 76 = □   □ 92 − □ = 76   □ 76 − □ = 29

_____

2) 쌀 76포대 중 몇 포대를 사용하고 48포대가 남았어요. 사용한 쌀은 몇 포대일까요?

식 ________________ 답 _____포대

5 □의 값이 같은 식끼리 잇고, □의 값을 작은 수부터 순서대로 찾아 각 수가 나타내는 글자를 써 보세요.

36 + □ = 52	47 + □ = 56
56 − □ = 47	92 − 23 = □
□ − 48 = 22	52 − □ = 36
67 + □ = 73	22 + 48 = □
□ + 23 = 92	73 − □ = 67

6	7	9	10	16
맛	줄	있	없	는

46	59	69	70	80
거	운	수	박	학

수					
글자					

6 빈칸에 알맞은 수를 써넣어 친구들이 생각한 수를 구해 보세요.

1) 내가 생각한 수에서 26을 빼고 다시 32를 더하면 51이 돼.

□ →(−26)→ □ →(+)→ 51

2) 내가 생각한 수에 14를 더한 다음 46을 빼면 25가 돼.

□ →(+)→ □ →(−)→ 25

7

1) 38 →(+14)→ 52 →( )→ 78 →( )→ 39 →( )→ 15

2) 29 →( )→ 51 →( )→ 36 →( )→ 64 →( )→ 47

8 ○ 안에 +, −를 알맞게 써넣고 덧셈식 또는 뺄셈식을 바르게 완성하세요.

1) 34 (+) ____ = 50
2) 87 ○ ____ = 50
3) 25 ○ ____ = 50
4) 52 ○ ____ = 50
5) 4 ○ ____ = 50
6) 99 ○ ____ = 50

9

18 →(+25)→ 43 → □ → 27 → □ → 55 → □ → 18

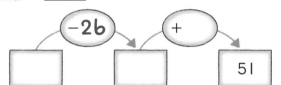

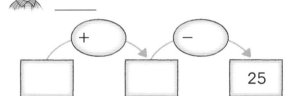

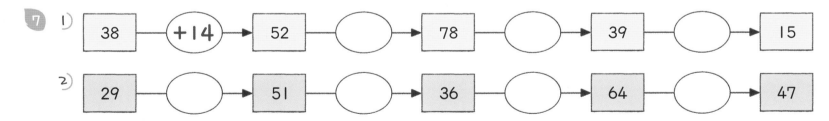

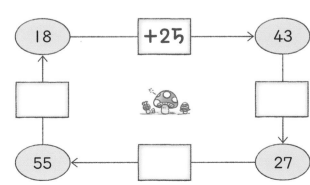

EGG

□가 있는 덧셈과 뺄셈 연습

1 덧셈식은 뺄셈식으로, 뺄셈식은 덧셈식으로 나타내어 □의 값을 구해 보세요.

1) □ + 13 = 50

50 − 13 = ______

2) □ − 26 = 18

______

3) □ + 52 = 70

______

4) □ − 13 = 48

______

2 아래 두 수의 합이 위의 수가 되도록 빈칸에 알맞은 수를 써넣으세요.

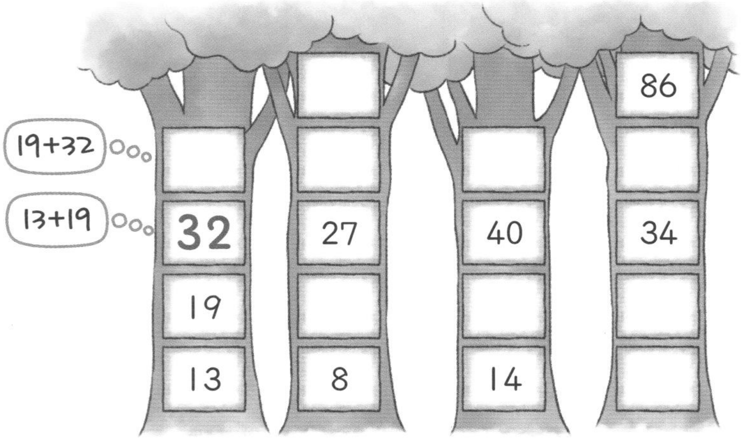
19+32
13+19
32
19
13
27
8
40
14
86
34

3 1) 어떤 수에 24를 더해야 할 것을 잘못하여 빼었더니 17이 되었어요. 바르게 계산한 값을 구해 보세요.

______

2) 어떤 수에서 19를 빼야 할 것을 잘못하여 더했더니 55가 되었어요. 바르게 계산한 값을 구해 보세요.

______

덧셈식을
뺄셈식으로 나타내어
계산할 수 있어.
□+46=84
➡ 84−46=38

4 1)

+	38		
46	84		
53		76	
15			34

2)

+			
42	71		
67		83	
25			43

3)

+		38	
16	51		
46			82
		53	

□−28=15 □−15=37

뺄셈식을
덧셈식으로 나타내어
계산할 수 있어.
□−4=61
➡ 61+4=65

5 1)

−	65		
4	61		
28		15	
15			37

2)

−	76	55	88
	47		
		18	
			65

3)

−	52		66
	44	33	
11			55
	25		

□가 있는 덧셈과 뺄셈의 활용

1 주어진 수 카드 중에서 □ 안에 들어갈 수 있는 수를 모두 찾아 써 보세요.

0 1 2 3 4 5 6 7 8 9

1) 35 + □ < 40
0, 1,

2) 83 + □ > 90

3) □ + 54 < 58

4) 66 − □ < 60

5) 75 − □ < 71

6) 22 − □ > 17

2 □ 안에 들어갈 수 있는 수를 모두 찾아 ○표 하세요.

1) 26 + □ > 62 — 35 36 37 38 39

2) 39 + □ < 87 — 45 46 47 48 49

3) 62 − □ < 47 — 15 16 17 18 19

4) □ − 23 < 58 — 79 80 81 82 83

3 주어진 조건에 맞게 □ 안에 알맞은 수를 써넣으세요.

1) 가장 큰 수: 32 + □ < 61

2) 가장 작은 수: 45 + □ > 80

3) 가장 큰 수: 83 − □ > 15

4) 가장 작은 수: 72 − □ < 57

4

1) 어제 사과를 50개 땄는데 오늘은 어제보다 더 많이 따려고 해요. 오늘 딴 사과가 37개라면 적어도 몇 개를 더 따야 할까요?

_____개

2) 귤이 54개가 있는데 그중 몇 개를 먹고 48개보다 많이 남겨 두려고 해요. 귤을 가능한 한 많이 먹는다면 몇 개를 먹을 수 있을까요?

_____개

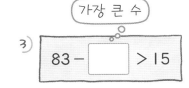

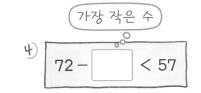

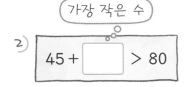

덧셈식과 규칙

1 친구가 설명하는 규칙에 맞게 빈칸에 알맞은 수를 써넣고 규칙을 완성해 보세요.

삼각형 안의 수들은 각각 **5**씩 커져요.
삼각형 밖의 수들은 각각 삼각형 안에 있는 두 수의 합과 같으므로
_____.

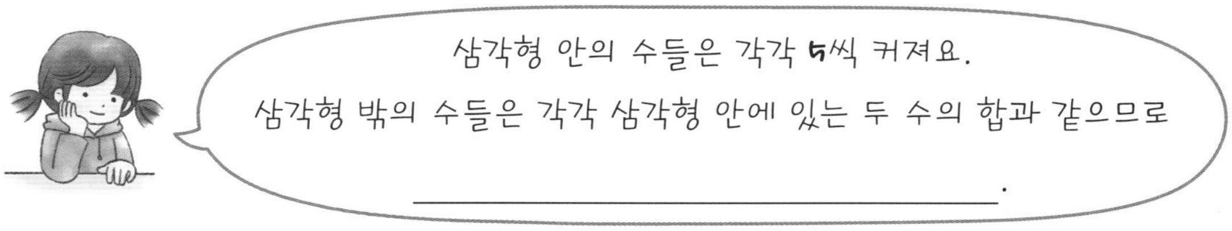

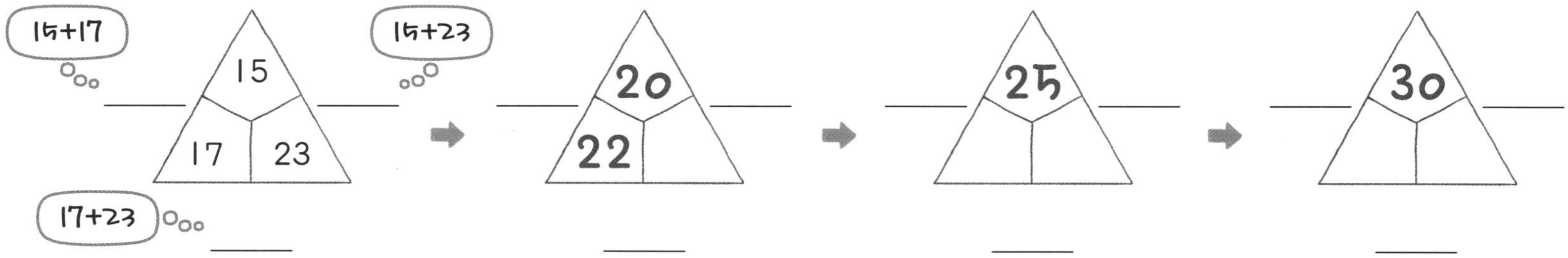

2 규칙을 찾아 빈칸에 알맞은 수를 써넣고 규칙을 설명해 보세요.

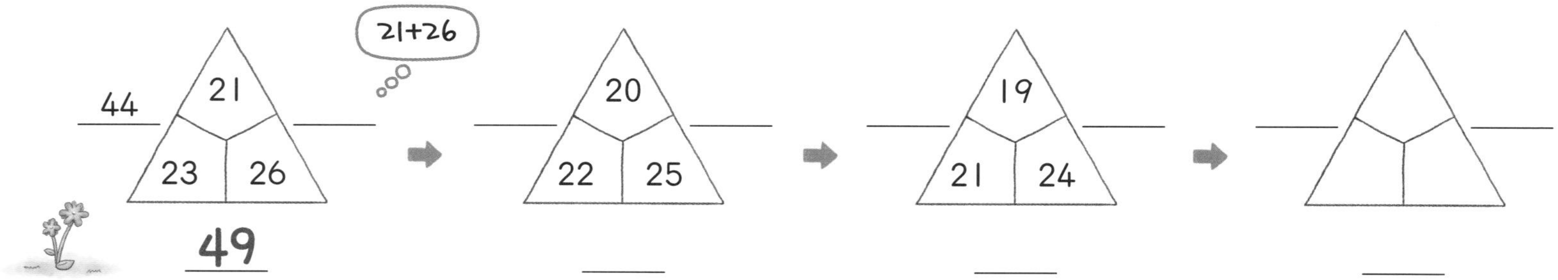

삼각형 안의 수들은 각각 _____.

삼각형 밖의 수들은 각각 삼각형 안에 있는 두 수의 합과 같으므로 _____.

3 나만의 규칙을 정하여 빈칸에 알맞은 수를 쓰고 규칙을 설명해 보세요.

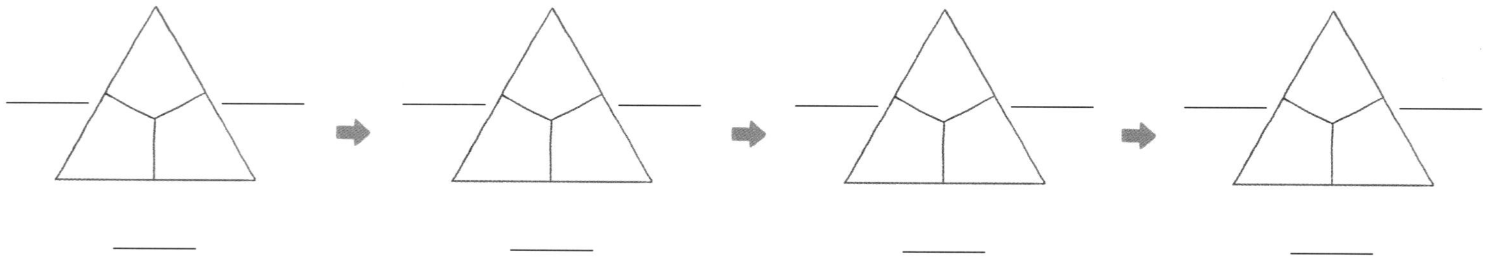

삼각형 안의 수들은 _____.

삼각형 밖의 수들은 각각 삼각형 안에 있는 두 수의 합과 같으므로 _____.

4 규칙을 찾아 □ 안에 알맞은 수를 써넣고 규칙을 설명해 보세요.

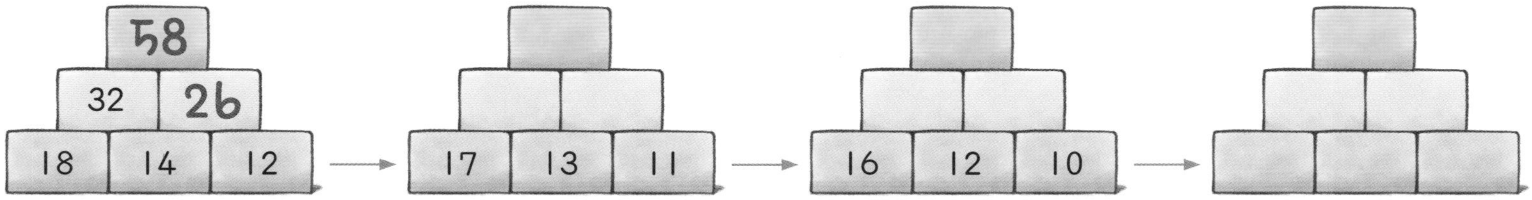

파란색 벽돌에 적힌 수들은 각각 ____씩 ________________.

연두색 벽돌에 적힌 수들은 각각 파란색 벽돌에 적힌 두 수의 합이므로 ____씩 ________________.

분홍색 벽돌에 적힌 수는 ________________________________.

5 친구가 설명하는 규칙에 맞게 빈칸에 알맞은 수를 써넣고 규칙을 완성해 보세요.

파란색 벽돌에 적힌 수들은 각각 2씩 커져요.
따라서 맨 위에 놓인 분홍색 벽돌에 적힌 수는 ________________.

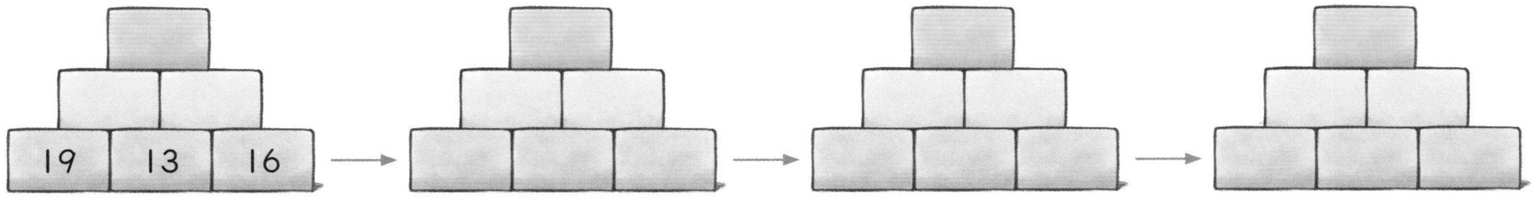

6 나만의 규칙을 정하여 빈칸에 알맞은 수를 쓰고 규칙을 설명해 보세요.

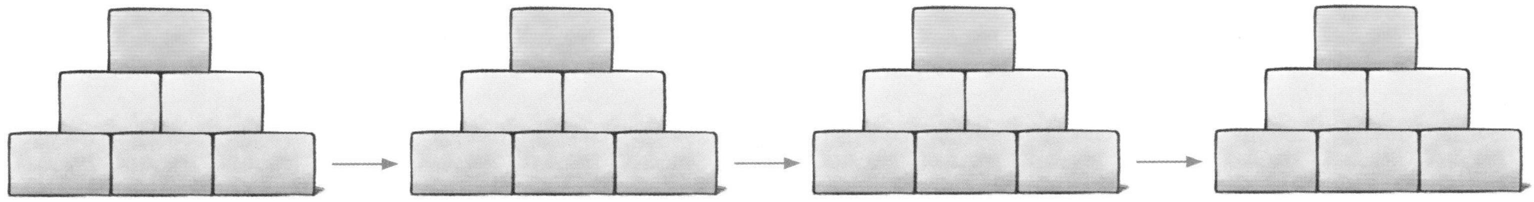

파란색 벽돌에 적힌 수들은 ________________________.

따라서 맨 위에 놓인 분홍색 벽돌에 적힌 수는 ________________________.

7 맨 위에 놓인 벽돌에 들어갈 수가 조건에 맞게 되도록 주어진 3개의 수를 맨 아래 칸에 알맞게 써넣으세요.

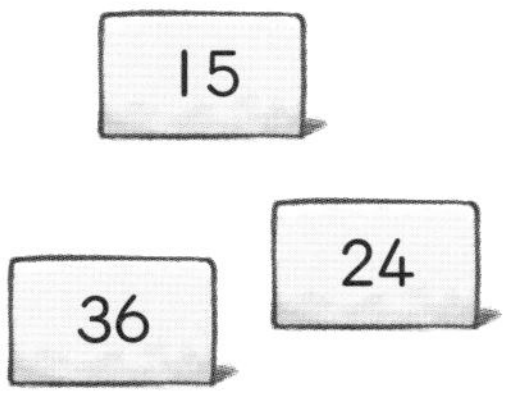

1)

2)

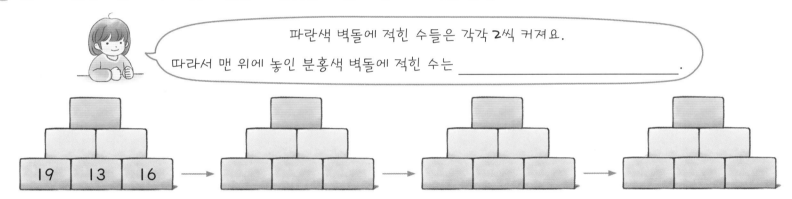

EGG 세 수의 덧셈

1 그림을 보고 세 수의 덧셈을 해 보세요.

1)

17 + 7 + 7 = ____

2)

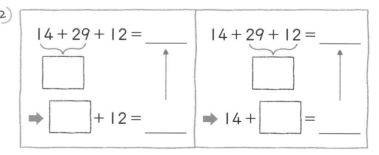

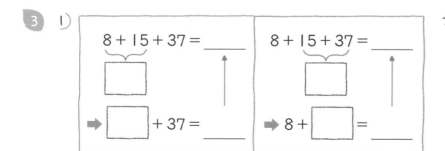

16 + 7 + 8 = ____

2

1) 7 + 18 + 26 = ____ (25) (25+26)

2) 25 + 9 + 45 = ____ ☐

3) 35 + 4 + 37 = ____ ☐

4) 26 + 5 + 59 = ____ ☐

5) 12 + 9 + 38 = ____ ☐

6) 27 + 16 + 7 = ____ ☐

7) 35 + 18 + 19 = ____ ☐

8) 24 + 19 + 25 = ____ ☐

3

1)

8 + 15 + 37 = ____	8 + 15 + 37 = ____
☐	☐
➡ ☐ + 37 = ____	➡ 8 + ☐ = ____

2)

14 + 29 + 12 = ____	14 + 29 + 12 = ____
☐	☐
➡ ☐ + 12 = ____	➡ 14 + ☐ = ____

4

1)

23 + 29 + 18   (73)

16 + 38 + 19   (68)

25 + 26 + 17   (70)

2)

36 + 18 + 25   (79)

17 + 38 + 26   (83)

27 + 27 + 29   (81)

5 합이 몇십이 되는 두 수를 찾아 ○표 하고, 두 수를 먼저 계산하여 세 수의 합을 구해 보세요.

1) (16) + 27 + (4) = ____
20
20 + 27 =

2) 15 + 23 + 7 = ____

3) 24 + 38 + 16 = ____

18+12=30

4) 18 + 23 + 12 = ____
18 + 36 + 12 = ____
18 + 47 + 12 = ____

5) 24 + 21 + 16 = ____
45 + 24 + 16 = ____
16 + 39 + 24 = ____

6) 26 + 51 + 19 = ____
17 + 25 + 23 = ____
15 + 35 + 18 = ____

6

1) 13 + 8 + 12 = ____
25 + 5 + 16 = ____
27 + 35 + 3 = ____
36 + 17 + 4 = ____

2) 15 + 16 + 5 = ____
24 + 32 + 8 = ____
46 + 7 + 23 = ____
9 + 18 + 21 = ____

3) 16 + 24 + 48 = ____
22 + 35 + 18 = ____
23 + 31 + 19 = ____
47 + 15 + 23 = ____

4) 12 + 16 + 28 = ____
27 + 49 + 21 = ____
25 + 23 + 15 = ____
38 + 17 + 23 = ____

7

	1	
	1	5
	2	4
+	1	6
	5	5

5+4+6=15
10+10+20+10=50

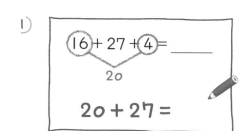

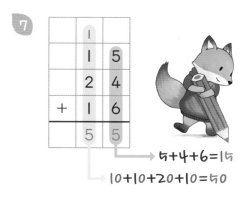

1)

	2	3
	1	9
+	2	0

2)

	1	7
	2	4
+	2	4

3)

	3	2
	2	8
+	1	3

4)

	4	3
	1	6
+	2	5

8 규칙에 맞게 빈칸에 수를 써넣고 덧셈을 해 보세요.

1)
5 + 11 + 20 = ____
6 + 12 + 22 = ____
7 + 13 + 24 = ____
8 + ____ + ____ = ____
____ + ____ + ____ = ____

2)
20 + 3 + 15 = ____
18 + 6 + 17 = ____
16 + 9 + 19 = ____
14 + ____ + ____ = ____
____ + ____ + ____ = ____

3)
13 + 57 + 15 = ____
23 + 47 + 16 = ____
33 + 37 + 17 = ____
43 + ____ + ____ = ____
____ + ____ + ____ = ____

EGG

세 수의 덧셈

1 과녁을 맞혀서 얻은 점수를 구해 보세요.

1) 

15+15+9= ______

______점

2) 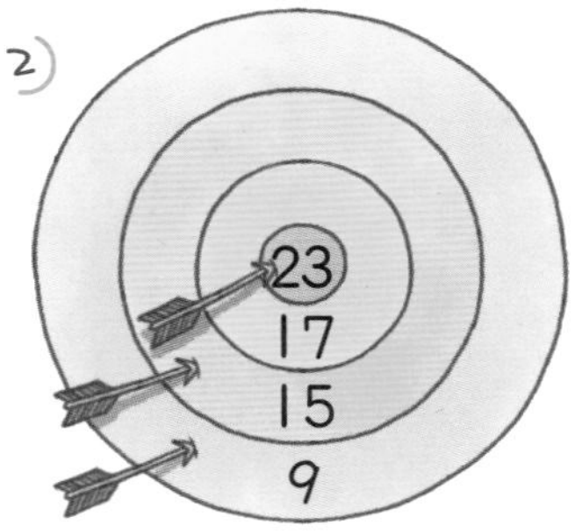

______

______점

3) 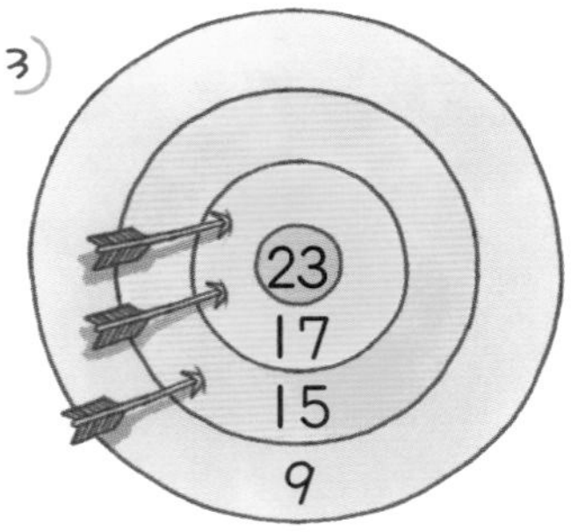

______

______점

4) 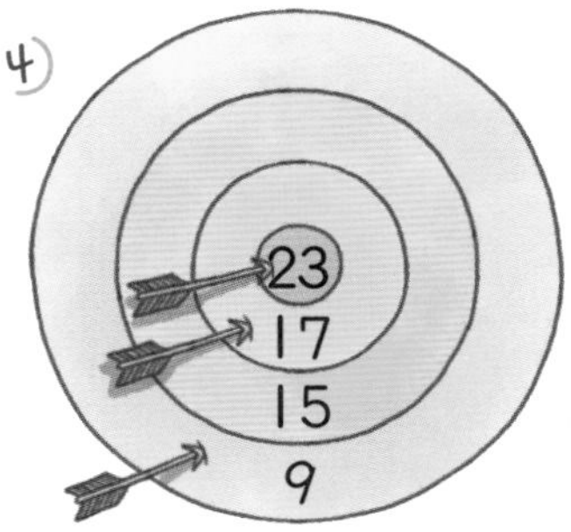

______

______점

2 세 수의 합이 ◯ 안의 수가 되도록 수 하나를 ×표 하여 지우고 식으로 나타내어 보세요.

1) 

18+25+7= ______

2) 

______

3) 

______

3 빈칸에 알맞은 수를 써넣고 삼각형 안의 세 수의 합과 삼각형 밖의 세 수의 합을 각각 구한 다음 물음에 답하세요.

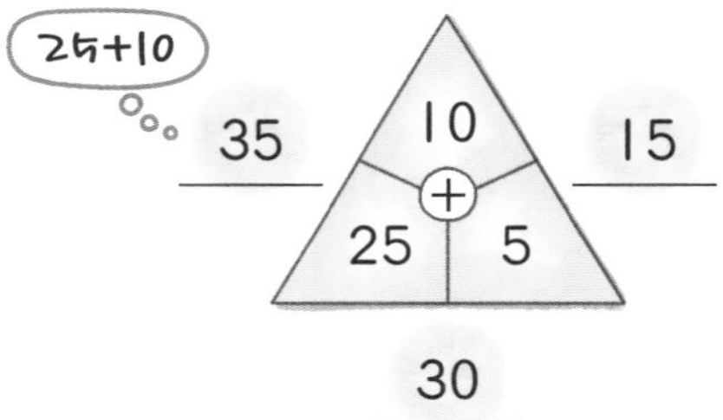

1) 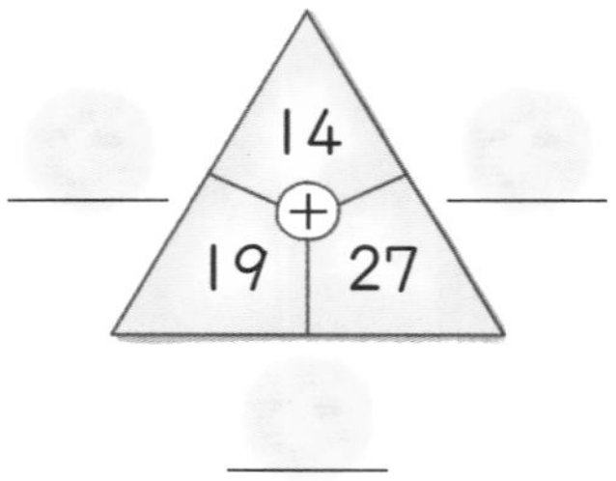

2) 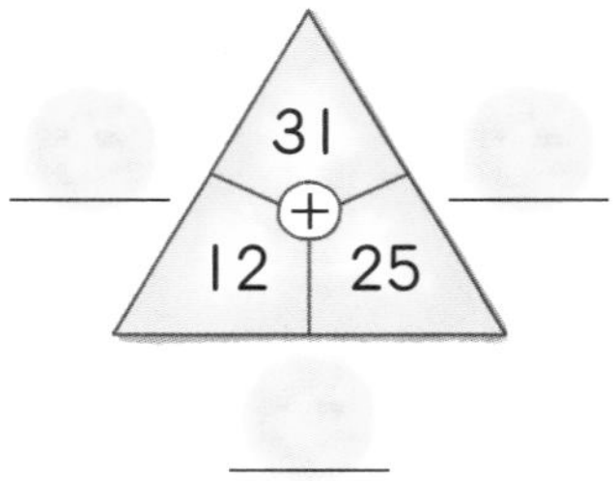

3) 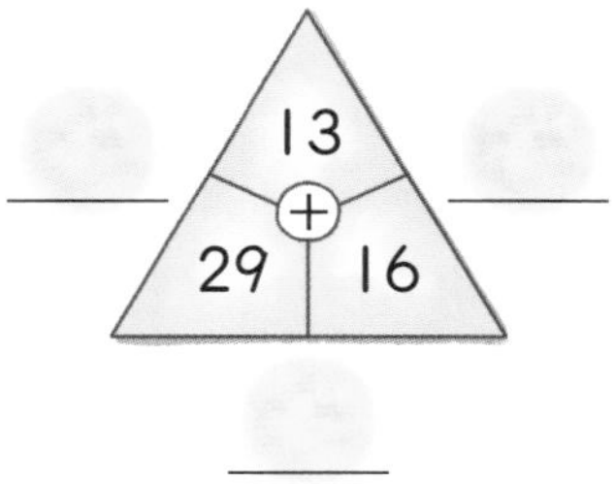

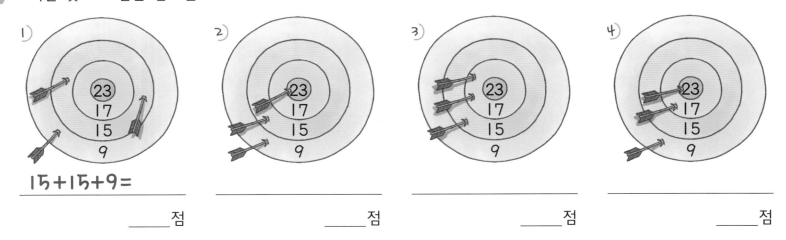

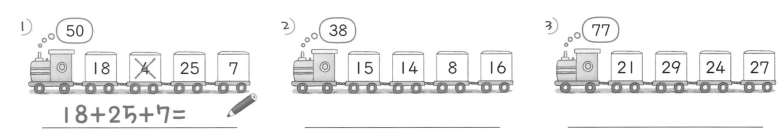

1) 안: ______	밖: ______
2) 안: ______	밖: ______
3) 안: ______	밖: ______

4) 삼각형 안의 세 수의 합과 삼각형 밖의 세 수의 합은 어떤 관계가 있나요?

______

4 ○ 안에 >, =, <를 알맞게 써넣으세요.

1) 38 + 28 + 18 ○ 80
26 + 26 + 26 ○ 80
46 + 17 + 17 ○ 80

2) 29 + 29 + 33 ○ 90
18 + 56 + 16 ○ 90
47 + 25 + 14 ○ 90

3) 33 + 34 + 35 ○ 100
27 + 37 + 36 ○ 100
55 + 33 + 22 ○ 100

5 계산 결과를 따라 차례대로 점을 이어 그림을 완성하세요.

1) 38 + 15 + 38 = ____
2) 46 + 8 + 29 = ____
3) 36 + 36 + 8 = ____
4) 55 + 18 + 9 = ____
5) 24 + 28 + 32 = ____
6) 34 + 49 + 11 = ____
7) 29 + 28 + 19 = ____
8) 14 + 27 + 36 = ____
9) 35 + 16 + 28 = ____
10) 43 + 29 + 17 = ____
11) 15 + 58 + 25 = ____

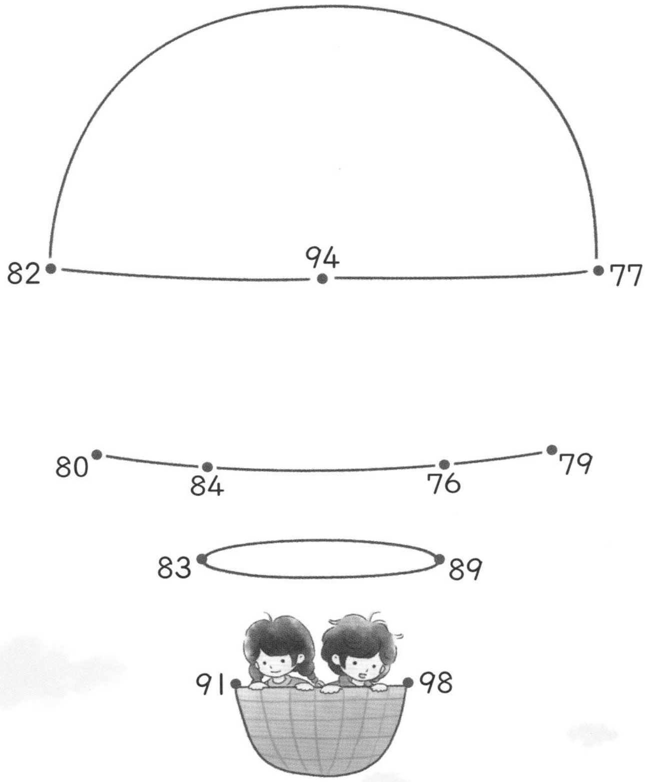

6

43 + 23 + 18 ○ 40 + 15 + 28
16 + 37 + 29 ○ 48 + 16 + 18
28 + 35 + 27 ○ 49 + 34 + 9
39 + 26 + 15 ○ 17 + 25 + 36

27 + 44 + 8 ○ 19 + 39 + 19
37 + 17 + 26 ○ 27 + 28 + 29
58 + 18 + 7 ○ 45 + 16 + 22
29 + 48 + 13 ○ 32 + 13 + 47

세 수의 뺄셈

1 식에 맞는 그림을 찾아 선으로 잇고 계산해 보세요.

$21-12-5=$ ____

$21-4-5=$ ____

2

1) $82-26-28=$ ____

$$\begin{array}{r} 82 \\ -\,26 \\ \hline 56 \end{array} \rightarrow \begin{array}{r} 56 \\ -\,28 \\ \hline \end{array}$$

2) $75-27-19=$ ____

3) $90-36-18=$ ____

3 빈칸에 알맞은 수를 써넣으세요.

1) $72-8-37=$ ____
□
➡ □ $-37=$ ____

2) $83-9-25=$ ____
□
➡ □ $-25=$ ____

3) $68-15-36=$ ____
□
➡ □ $-36=$ ____

4) $91-36-18=$ ____
□
➡ □ $-18=$ ____

4 1)

82 − 36 − 17	28
90 − 25 − 37	29
94 − 28 − 28	38

2)

72 − 16 − 18	40
91 − 19 − 33	38
85 − 18 − 27	39

세 수의 뺄셈

5 2개의 벽돌을 서로 다른 방법으로 놓아 식을 만들고 계산해 보세요.

1) −22 −16

50	−16	−22	= ____
50	−22		= ____

2) −28 −25

62			= ____
62			= ____

3) −38 −24

80			= ____
80			= ____

6 1) 84 − 16 − 28 = ____

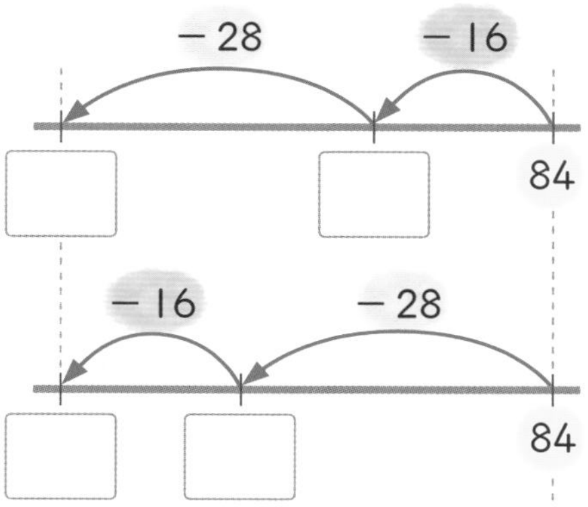

2) 93 − 36 − 29 = ____

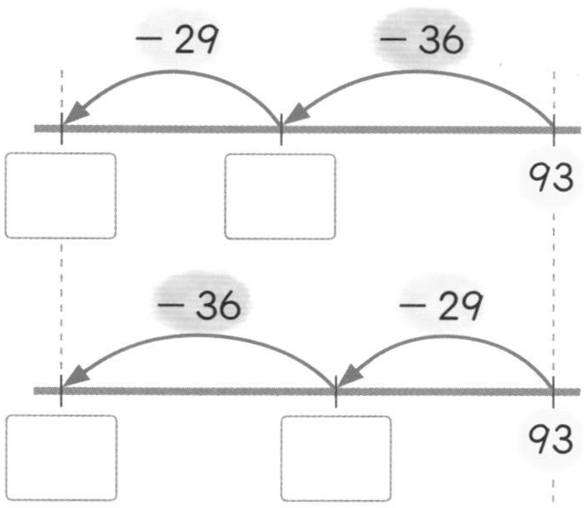

3) 75 − 17 − 37 = ____

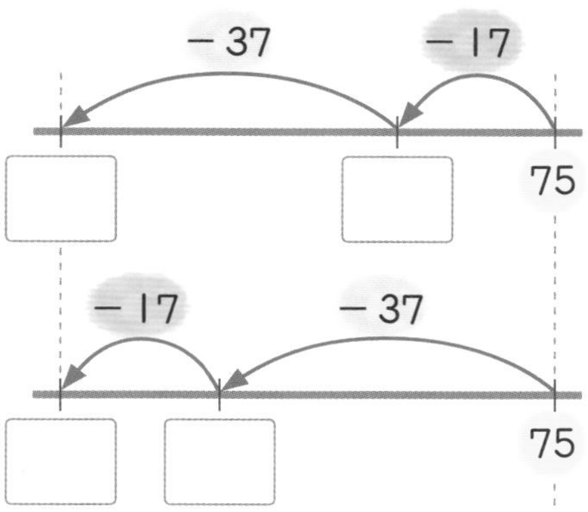

4) 계산 결과는 처음 수보다 얼마나 작아졌나요?

____

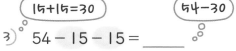

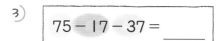

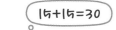

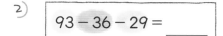

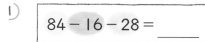

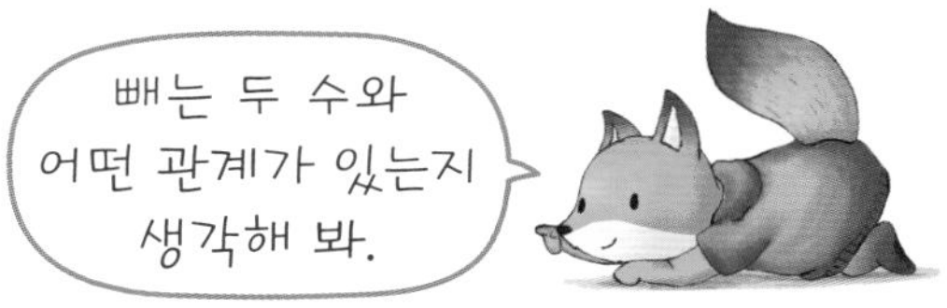

7 1) (67−17=50) (50−29)

67 − 17 − 29 = ____

83 − 33 − 16 = ____

75 − 25 − 18 = ____

2) (92−32=60) (60−35)

92 − 35 − 32 = ____

74 − 46 − 14 = ____

86 − 38 − 26 = ____

3) (15+15=30) (54−30)

54 − 15 − 15 = ____

63 − 37 − 13 = ____

77 − 39 − 11 = ____

8 계산 결과를 찾아 ☑표 하세요.

1) 85 − 28 − 27

☐ 29 ☐ 30 ☐ 31

2) 74 − 28 − 34

☐ 32 ☐ 22 ☐ 12

3) 60 − 27 − 13

☐ 20 ☐ 30 ☐ 40

세 수의 뺄셈

1 세 수의 뺄셈을 하여 각각의 글자를 빈칸에 알맞게 써넣으세요.

(흰) 62 − 26 − 9 = 27

(하) 72 − 19 − 28 = ____

(름) 71 − 24 − 18 = ____

(늘) 73 − 34 − 13 = ____

(란) 57 − 17 − 16 = ____

(구) 80 − 8 − 44 = ____

(파) 94 − 37 − 34 = ____

23	24	25	26	27	28	29
				흰		

2 1) 엄마가 쿠키 72개를 구워서 언니의 도시락에 18개, 내 도시락에 15개를 넣어 주셨어요. 남아 있는 쿠키는 몇 개일까요?

____개

2) 농장에 있는 양과 오리, 말은 모두 54마리예요. 그중 양이 27마리, 말이 9마리라면 오리는 몇 마리일까요?

____마리

3 옳은 식이 되도록 벽돌 하나를 ×표 하여 지워 보세요.

1) 90 | −18 | −26 | −9 | =63

2) 76 | −27 | −26 | −16 | =34

3) 84 | −36 | −28 | −35 | =20

4) 61 | −24 | −8 | −34 | =19

4 서로 다른 색의 벽돌을 1개씩 골라 세 수의 계산 결과가 □ 안의 수가 되도록 모두 선으로 이어 보세요.

1) 

72, 60, 81

−27, −38, −45

−16, −15, −18

72−38−16=18

2) 

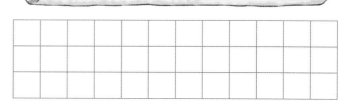

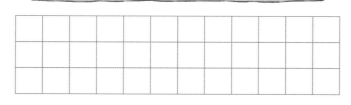

82, 64, 70

−22, −39, −16

−17, −29, −18

5 ○ 안에 >, =, <를 알맞게 써넣으세요.

1)

91 − 34 − 46	○	10
80 − 37 − 35	○	10
73 − 26 − 35	○	10

2)

65 − 29 − 16	○	20
72 − 37 − 13	○	20
81 − 28 − 42	○	20

3)

72 − 23 − 14	○	50
84 − 15 − 19	○	50
97 − 28 − 13	○	50

6 알맞은 색으로 칠해 보세요.

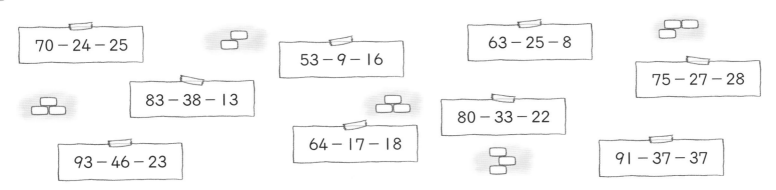

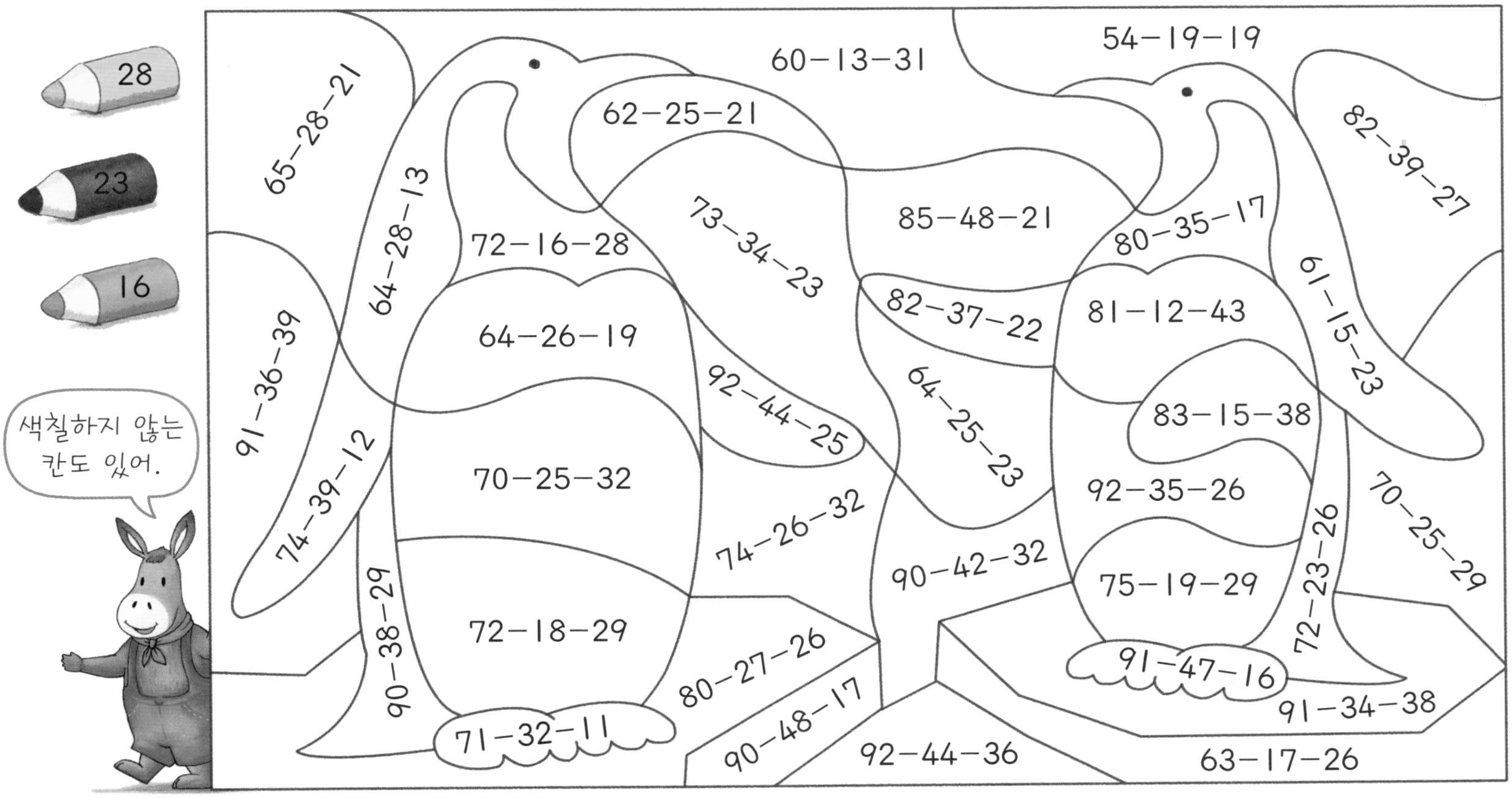

7 계산 결과가 가장 큰 식에 노란색, 가장 작은 식에 빨간색을 칠해 보세요.

70 − 24 − 25

53 − 9 − 16

63 − 25 − 8

75 − 27 − 28

83 − 38 − 13

80 − 33 − 22

64 − 17 − 18

93 − 46 − 23

91 − 37 − 37

세 수의 덧셈과 뺄셈

1

1) 15 → +23 → □ → −14 → □ (15+23−14) ______

2) 30 → −16 → □ → +23 → □ (30−16+23) ______

3) 44 → −17 → □ → +25 → □ ______

4) 26 → +9 → □ → −18 → □ ______

2

1) 26 + 29 − 17 = ______

$$\begin{array}{r} 26 \\ +\ 29 \\ \hline 55 \end{array} \rightarrow \begin{array}{r} 55 \\ -\ 17 \\ \hline \end{array}$$

2) 44 − 16 + 29 = ______

3) 32 + 9 − 14 = ______

4) 45 − 13 + 19 = ______

3

1) 26 + 18 − 13 = ______
➡ □ − 13 = ______

2) 36 − 17 + 27 = ______
➡ □ + 27 = ______

3) 38 + 44 − 13 = ______
➡ □ − 13 = ______

4) 56 − 16 + 29 = ______
➡ □ + 29 = ______

5) 53 − 27 + 15 = ______
➡ □ + 15 = ______

6) 45 + 28 − 36 = ______
➡ □ − 36 = ______

7) 64 − 35 + 23 = ______
➡ □ + 23 = ______

8) 29 + 37 − 48 = ______
➡ □ − 48 = ______

4

1)

44 − 17 + 18	46
25 + 38 − 16	47
52 − 25 + 19	45

2)

53 − 39 + 28	43
45 + 37 − 39	42
72 − 56 + 24	40

5 2개의 벽돌을 서로 다른 방법으로 놓아 식을 계산하고, 계산 결과를 비교해 보세요.

1) [+16] [−23]

80	+16	−23	= ____
80	−23		= ____

2) [−14] [+38]

53			= ____
53			= ____

3) [+17] [−35]

64			= ____
64			= ____

6 1) 46 + 27 − 15 = ____

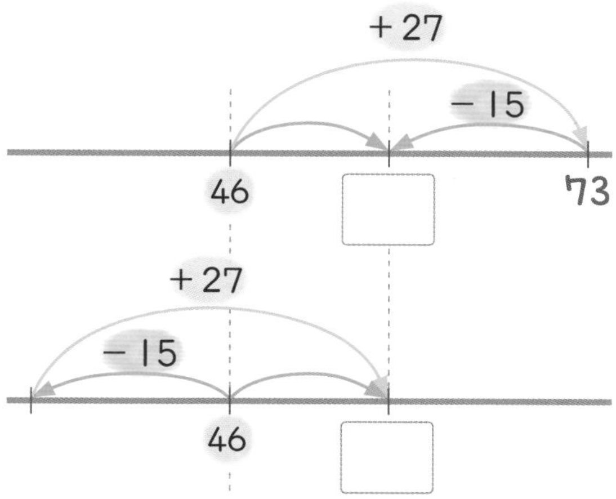

처음 수에 27을 더하고 15를 뺀 값은 처음 수보다 얼마나 커질까요?

____

2) 37 + 39 − 24 = ____

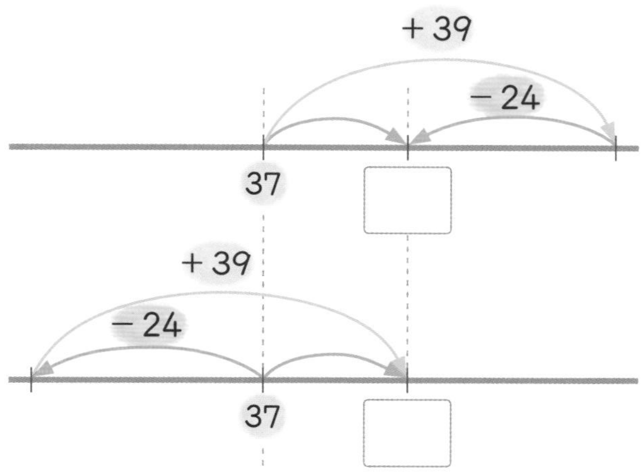

처음 수에 39를 더하고 24를 뺀 값은 처음 수보다 얼마나 커질까요?

____

7 ◯ 으로 표시된 부분을 먼저 계산하여 답을 구해 보세요.

1) (36−6=30)
36 − 6 + 28 = ____
72 − 22 + 16 = ____
13 + 47 − 25 = ____
21 + 29 − 13 = ____

2) (31+9=40)
31 − 15 + 9 = ____
56 − 18 + 24 = ____
24 + 28 − 14 = ____
45 + 27 − 15 = ____

3) (26+30)
26 + 47 − 17 = ____
32 + 39 − 19 = ____
45 + 28 − 8 = ____
39 + 26 − 16 = ____

세 수의 덧셈과 뺄셈

1 계산 결과가 작은 것부터 차례대로 이어 보세요.

21 + 20 − 9

26 − 17 + 14

39 + 25 − 15

38 + 54 − 24

35 − 11 + 15

83 − 25 + 13

22 + 42 − 45

72 − 8 + 12

2 알맞은 색으로 칠해 보세요.

■ < 50

50 < ■ < 80

■ > 80

계산 결과를
■에 넣어서
알맞은 색을
찾아봐!

75 − 27 + 45

36 + 47 − 55

63 − 48 + 56

26 + 69 − 59

49 − 14 + 38

76 − 37 + 68

81 − 32 + 37

66 + 18 − 35

38 + 38 − 29

49 + 23 − 14

54 − 26 + 73

44 + 28 − 17

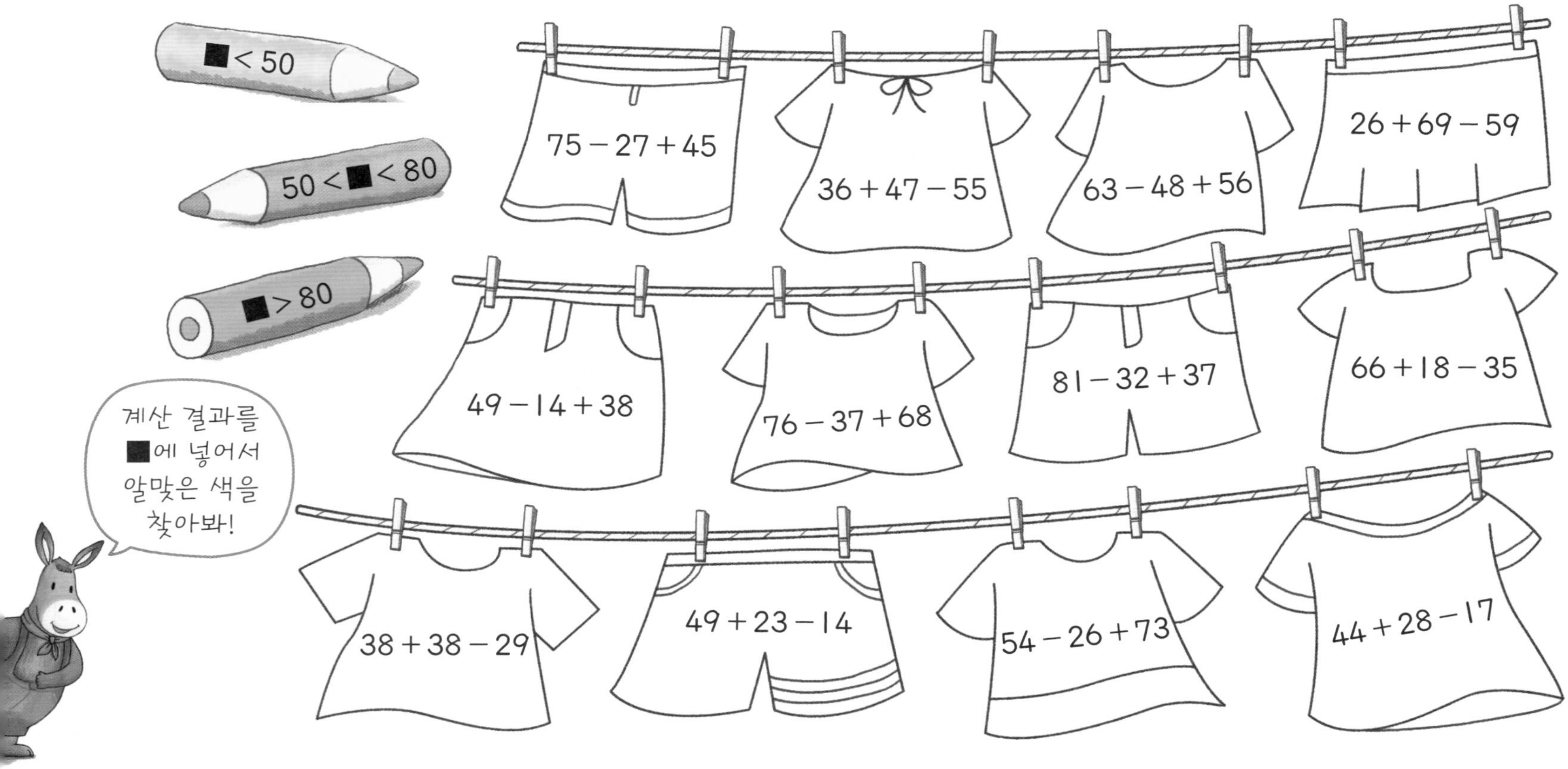

3 ○ 안에 +, −를 알맞게 써넣어 옳은 식을 완성해 보세요.

계산 결과는
처음 수에서 어떻게
달라졌는지 생각해 봐.

1) 22 ◯ 15 ◯ 8 = 29

2) 45 ◯ 17 ◯ 24 = 52

3) 33 ◯ 49 ◯ 26 = 56

4) 60 ◯ 23 ◯ 27 = 64

5) 51 ◯ 24 ◯ 15 = 42

6) 62 ◯ 26 ◯ 49 = 39

세 수의 계산

1 과녁판의 색칠한 곳을 맞히면 그 수만큼 점수를 얻고, 색칠하지 않은 곳을 맞히면 그 수만큼 점수를 잃게 돼요. 다음과 같이 과녁을 맞혔을 때 얻은 점수를 구해 보세요.

1)

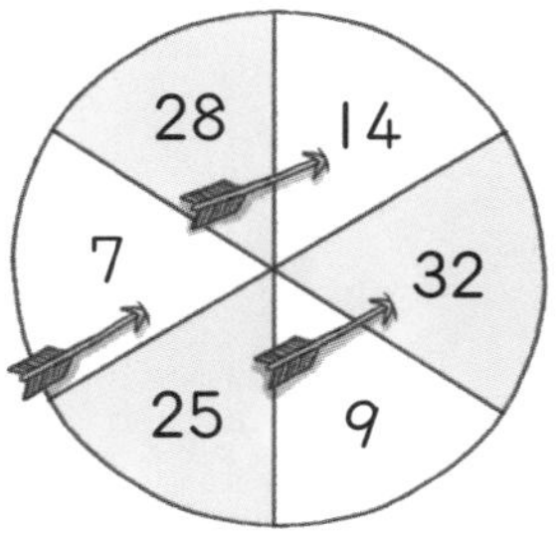

$32-14-7=$ _____

_____점

2)

_____

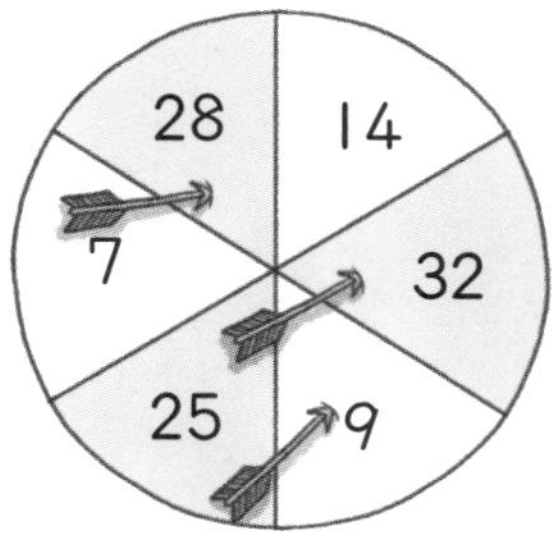

_____점

3)

_____

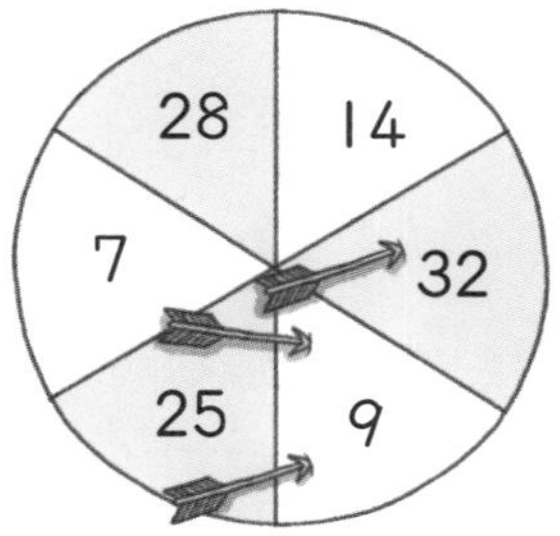

_____점

2

1) 정원에 장미꽃 16송이, 나팔꽃 9송이, 국화꽃 8송이가 피어 있어요. 정원에 핀 꽃은 모두 몇 송이일까요?

식 _____ 답 ____송이

2) 초콜릿이 31조각 있었는데 어제 12조각, 오늘 7조각을 먹었어요. 남아 있는 초콜릿은 몇 조각일까요?

식 _____ 답 ____조각

3) 버스에 23명이 타고 있었어요. 이번 정류장에서 19명이 내리고 17명이 탔다면 지금 버스에 타고 있는 사람은 몇 명일까요?

식 _____ 답 ____명

4) 빨간색 블록이 22개 있고, 파란색 블록은 빨간색 블록보다 5개 더 적게 있어요. 블록은 모두 몇 개일까요?

식 _____ 답 ____개

3 길을 따라 가면서 계산해 보세요.

길을 따라 가다가 갈림길이 나오면 반드시 방향을 바꾸어야 해. 이때 위로는 올라갈 수 없고, 옆이나 아래로 이동해야 해!

1) | 16 | 25 | 45 |

+28

−12

−17

(16+28−12)

32

2) | 24 | 41 | 32 |

−23

+36

−14

3) | 42 | 50 | 37 |

+13

−7

−25

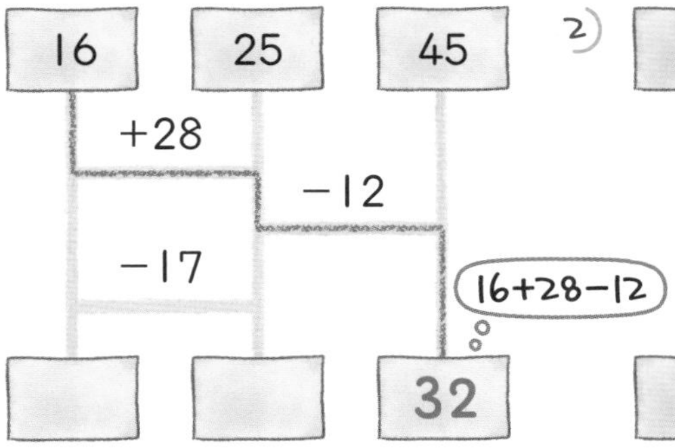

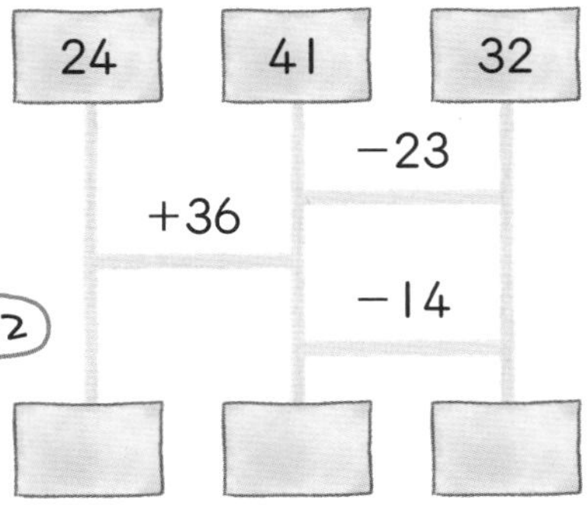

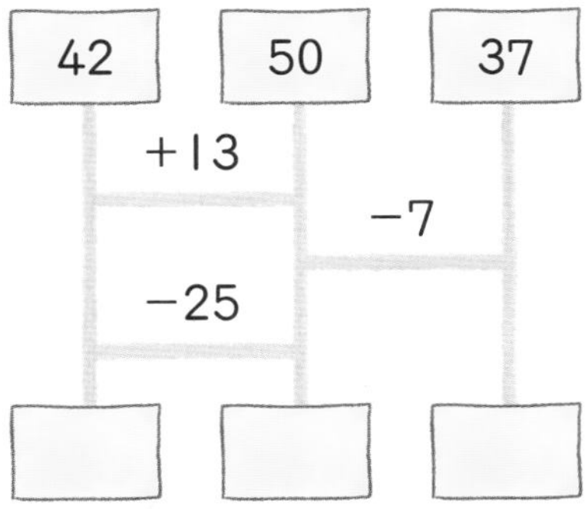

4 ○ 안에 >, =, <를 알맞게 써넣으세요.

1) $25+19-9$ ○ 25

2) $46-11+27$ ○ 57

3) 28 ○ $19+15-6$

세 수의 계산

1 그림을 이용하여 계산해 보세요.

1)

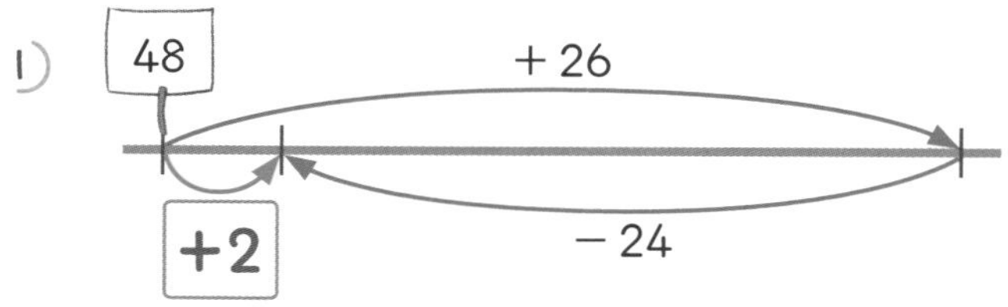

4	8	+	2	6	−	2	4	=		
			4	8	+		2	=		

2)

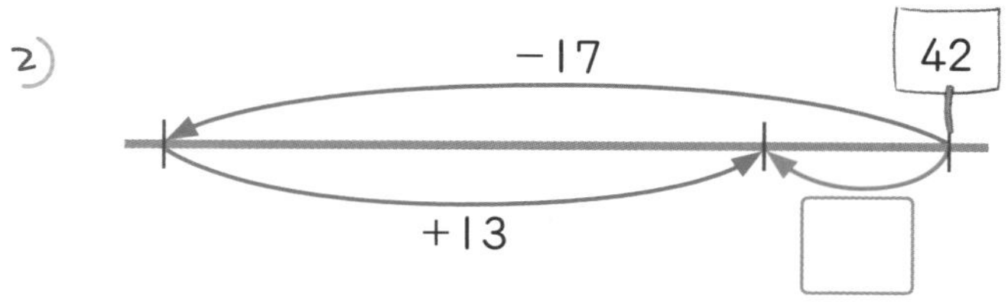

4	2	−	1	7	+	1	3	=		
			4	2				=		

2 옳은 식이 되도록 주어진 수를 빈칸에 알맞게 써넣으세요.

1) 25 + _____ − _____ = 35 (7, 17)

2) 31 − _____ + _____ = 33 (16, 18)

3) 19 + _____ − _____ = 17 (13, 15)

4) 24 − _____ + _____ = 19 (12, 17)

5) 27 + _____ − _____ = 36 (14, 23)

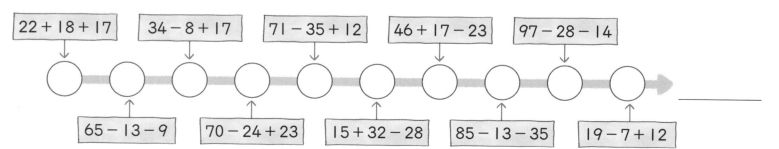

6) 53 − _____ + _____ = 50 (29, 32)

3

1)
35 + 13 + 8 = _____
35 + 13 − 8 = _____
35 − 13 − 8 = _____

2)
40 − 22 − 15 = _____
40 − 22 + 15 = _____
40 + 22 + 15 = _____

3)
15 + 24 − 8 = _____
8 + 24 − 15 = _____
24 − 8 − 15 = _____

4 세 수를 계산하여 ◯ 안에 알맞은 글자를 써넣고, 완성된 물음에 답하세요.

37	57	40	19	24	55	43	69	48
물	내	는	끼	은	건	가	장	아

22 + 18 + 17 → ◯
65 − 13 − 9 → ◯
34 − 8 + 17 → ◯
70 − 24 + 23 → ◯
71 − 35 + 12 → ◯
15 + 32 − 28 → ◯
46 + 17 − 23 → ◯
85 − 13 − 35 → ◯
97 − 28 − 14 → ◯
19 − 7 + 12 → ◯ → _____

규칙에 맞게 계산하기

1 규칙을 찾아 빈칸에 알맞은 수를 써넣고 물음에 답하세요.

1)

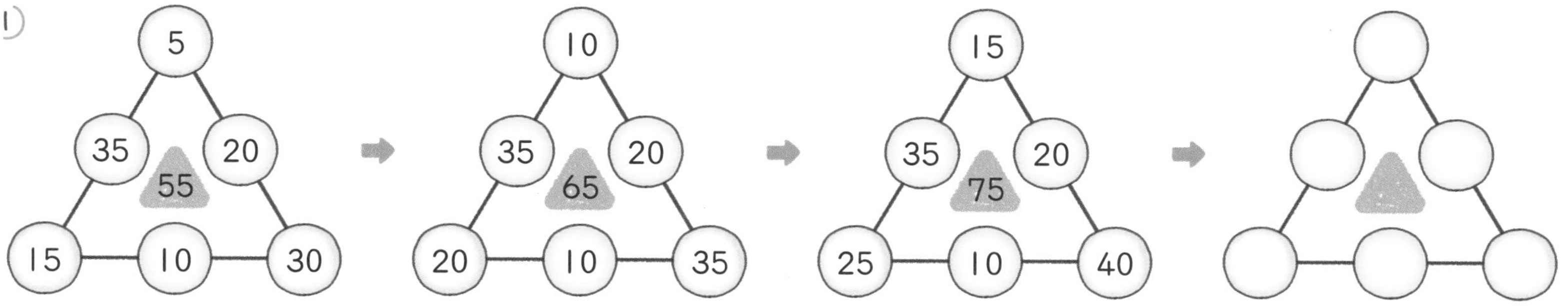

2) 1)에서 알 수 있는 규칙을 써 보세요.

같은 위치에 놓인 ◯ 안의 수들이 어떻게 변하는지,
그때 한 줄에 놓인 세 수의 합은 어떻게 변하는지 살펴봐!

3)

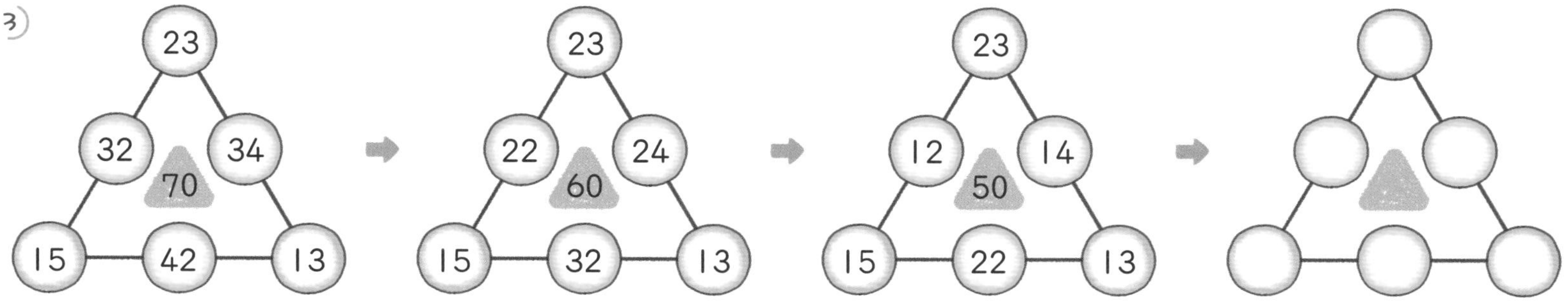

4) 3)에서 알 수 있는 규칙을 써 보세요.

2 규칙을 찾아 빈칸에 알맞은 수를 써넣으세요.

1)

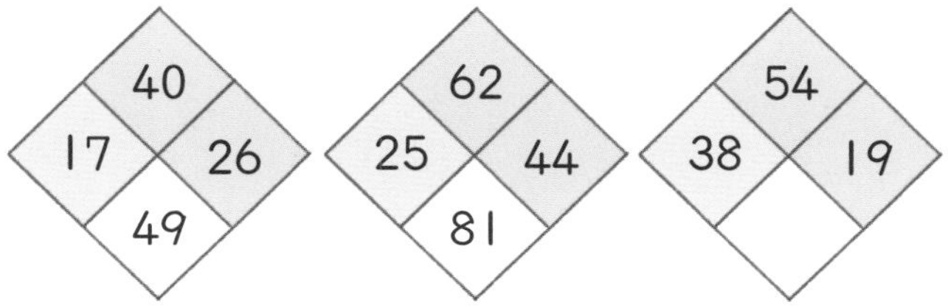

2)

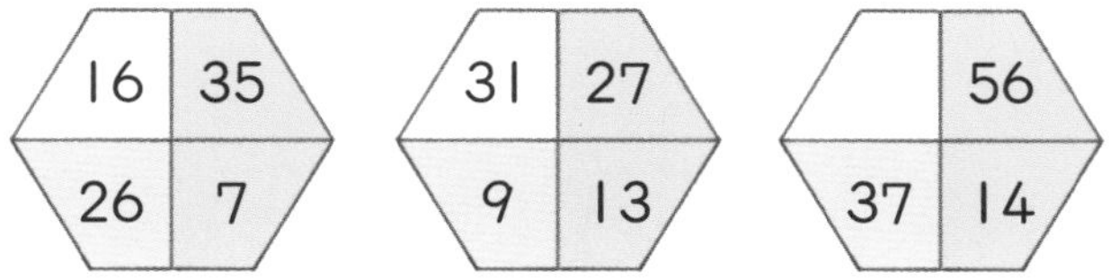

3)

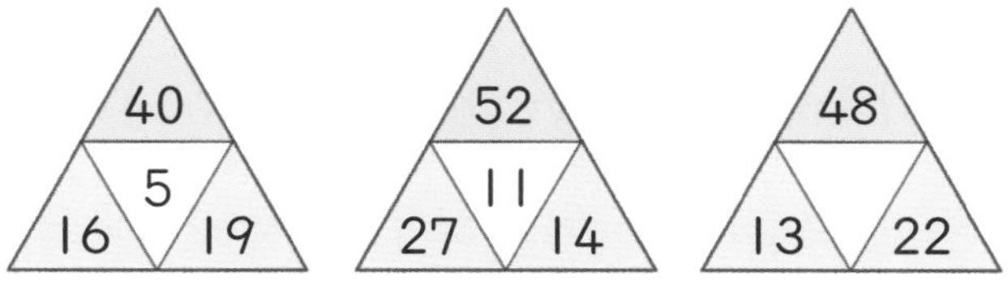

3 규칙에 맞게 식을 만들고 계산해 보세요.

1) 가 ♥ 나 = 가 + 나 + 12

13 ♥ 8 = ____ + ____ + ____ = ____

21 ♥ 33 = ____ + ____ + ____ = ____

2) 가 ★ 나 = 가 − 나 + 4

14 ★ 6 = ____ − ____ + ____ = ____

32 ★ 26 = ____ − ____ + ____ = ____

□가 있는 세 수의 계산

1 주어진 수를 한 번씩 써넣어 식을 완성해 보세요.

1) (14) (17) (19)

18 + 15 + □ = 50

□ + 22 + □ = 55

2) (12) (17) (22) (24)

□ + 23 + □ = 64

□ + 26 + □ = 60

3) (13) (18) (19) (23) (26)

□ + 22 + □ = 63

□ + □ + □ = 58

2

1) 54

30+5+□=54

30	+	5	+	
30	+	9	+	
32	+	6	+	

2) 76

37	+	20	+	
	+	10	+	8
45	+		+	13

3) 99

15	+		+	78
	+	16	+	27
48	+	24	+	

3 세 수의 합이 ◯ 안의 수가 되도록 빈칸에 알맞은 수를 써넣으세요.

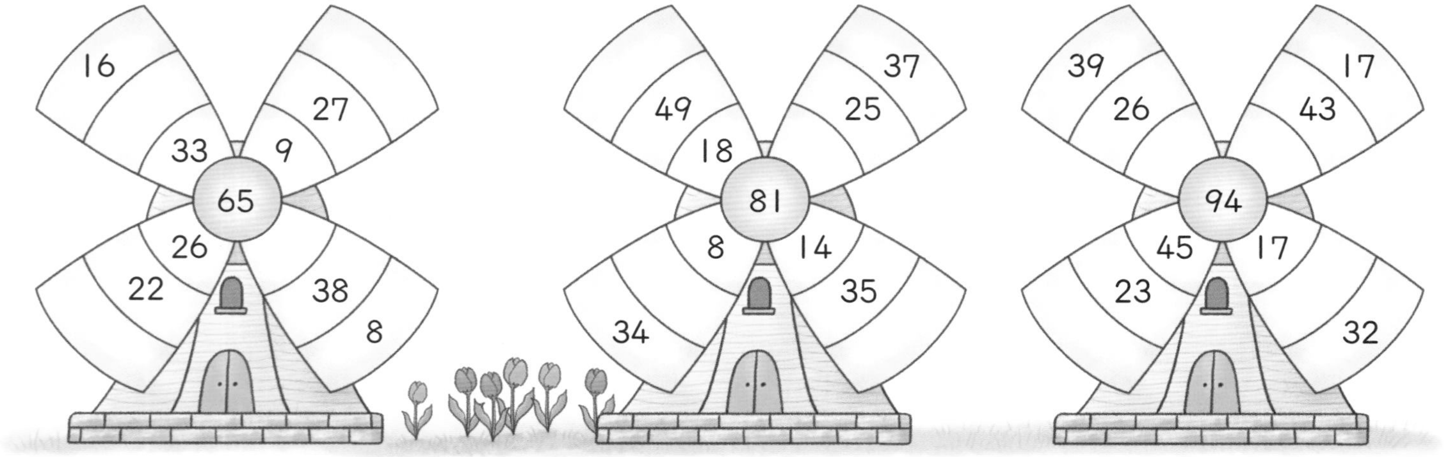

4 한 줄에 놓인 세 수의 합이 □ 안의 수가 되도록 빈칸에 알맞은 수를 써넣으세요.

1) 50

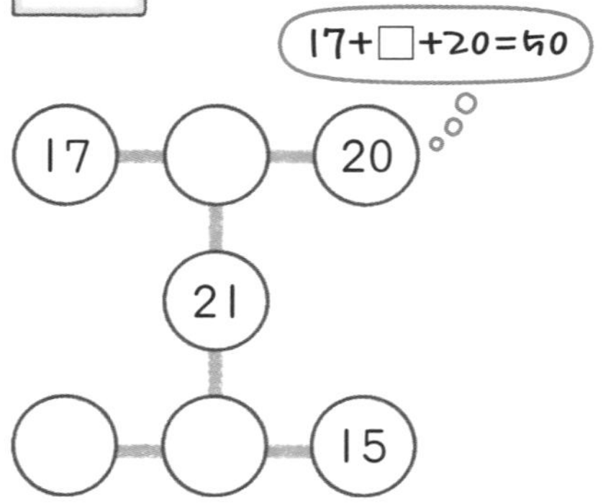

2) 56

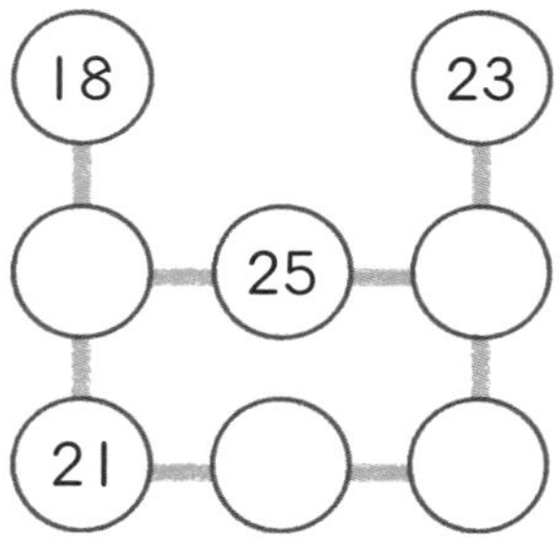

3) 62

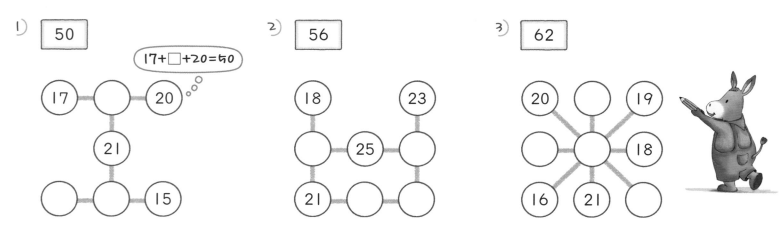

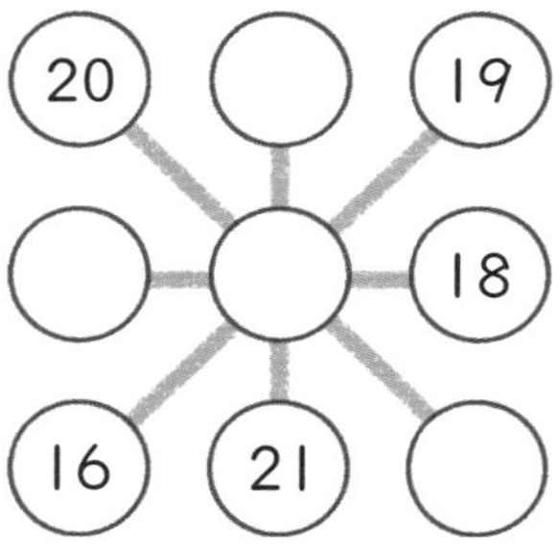

□가 있는 세 수의 계산

5 연필의 길이를 구해 보세요.

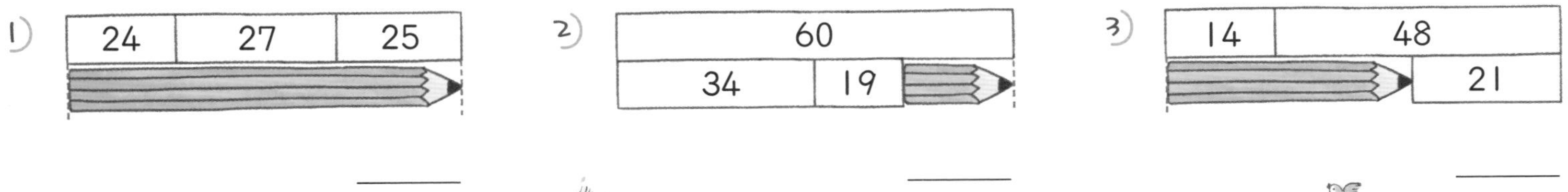

6 □의 값을 구해 보세요.

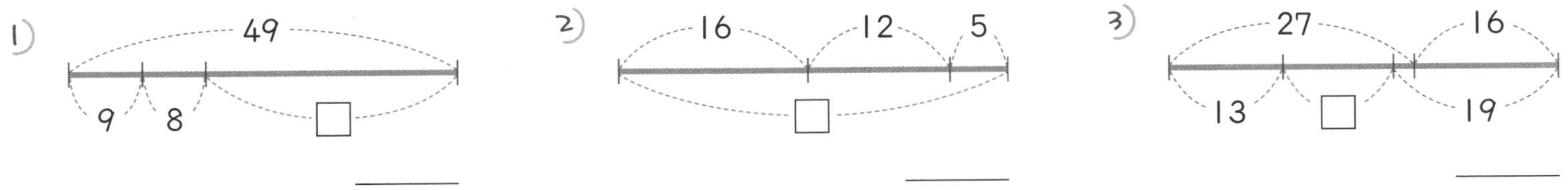

7

1) 8 + 11 + □ = 26
41 − 12 − □ = 26

2) 31 + 11 − □ = 38
45 − 17 + □ = 38

3) 26 + □ − 23 = 40
35 − 13 + □ = 40

4) 38 − □ + 15 = 37
26 + 23 − □ = 37

8 ○ 안의 수들은 더하고 □ 안의 수는 빼어서 한 줄에 놓인 세 수를 계산한 값이 ▭ 안의 수가 되도록 빈칸에 알맞은 수를 써넣으세요.

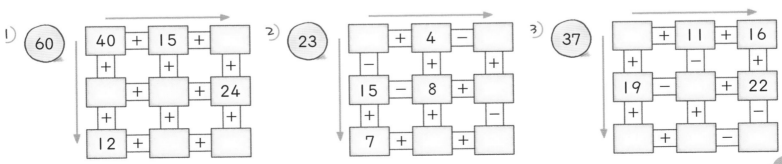

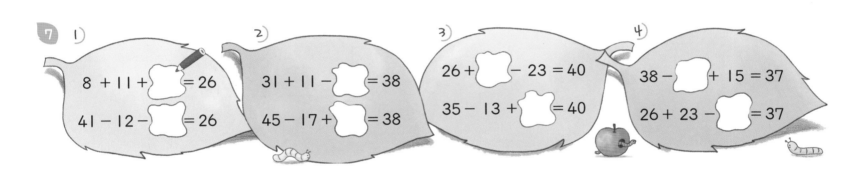

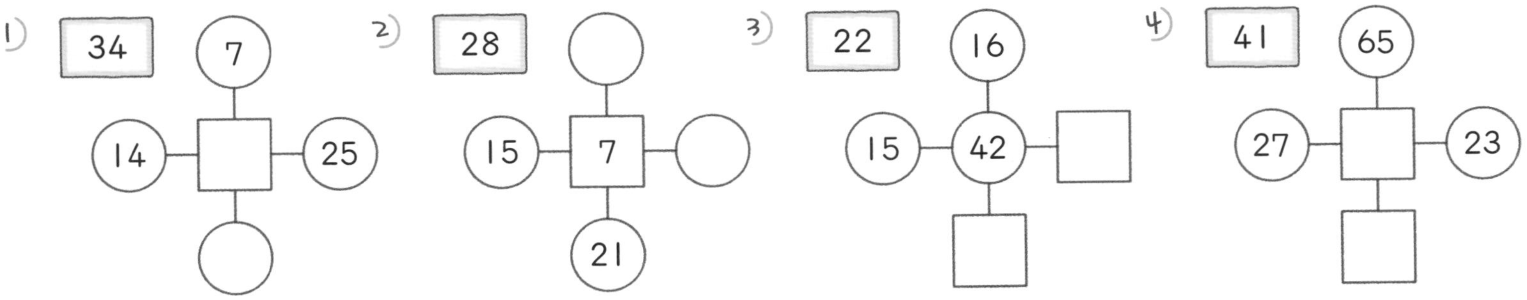

9 한 줄에 놓인 세 수의 계산 결과가 모두 ○ 안의 수가 되도록 빈칸에 알맞은 수를 써넣으세요.

1) 60

40	+	15	+	
+		+		+
	+		+	24
+		+		+
12	+		+	

2) 23

	+	4	−	
−		+		+
15	−	8	+	
+		+		−
7	+		+	

3) 37

	+	11	+	16
+		−		+
19	−		+	22
+		+		−
	+		−	

□가 있는 세 수의 계산

1

1) 12 — (+) — (+18) → 36

2) 46 — (−29) — (−) → 8

3) 16 — (+35) — (−) → 44

4) 70 — (−) — (+24) → 48

5)
20 — (+) — (−17) → 20
20 — (−5) — (+) → 20

계산 결과가 처음 수에서 어떻게 달라졌는지 살펴봐.

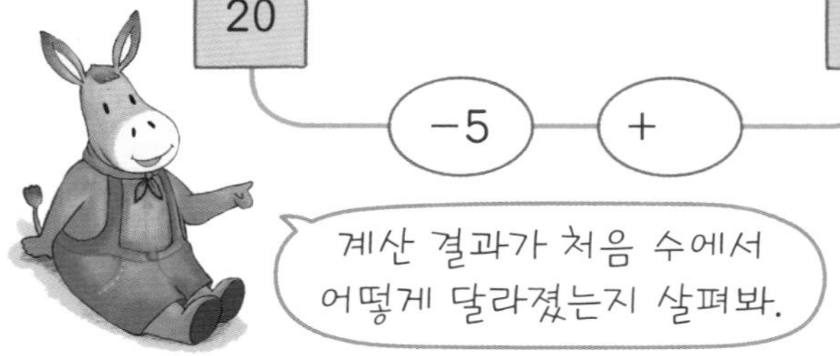

2 미로를 빠져나가는 2가지 길을 모두 따라가 각각 □가 있는 식으로 나타내고 □의 값을 구해 보세요.

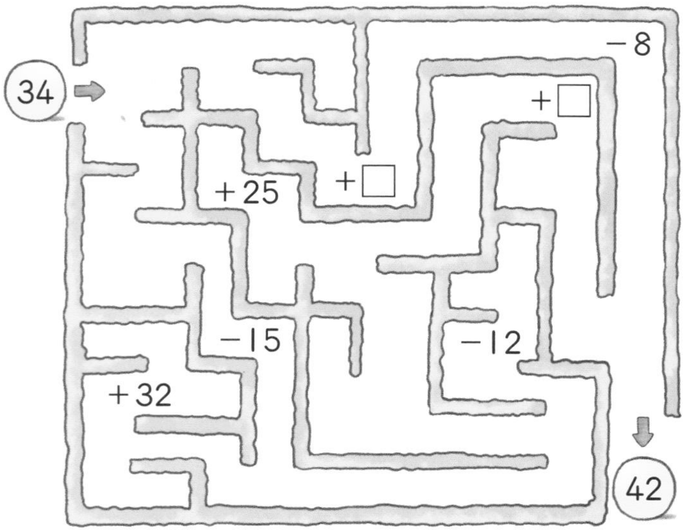

식 _____ 답 _____

식 _____ 답 _____

3 주어진 내용에 맞게 그림으로 나타내고 빈칸에 알맞은 수를 써넣으세요.

1) 집에서 도서관까지의 거리는 16, 학교에서 공원까지의 거리는 18, 집에서 공원까지의 거리는 29예요.

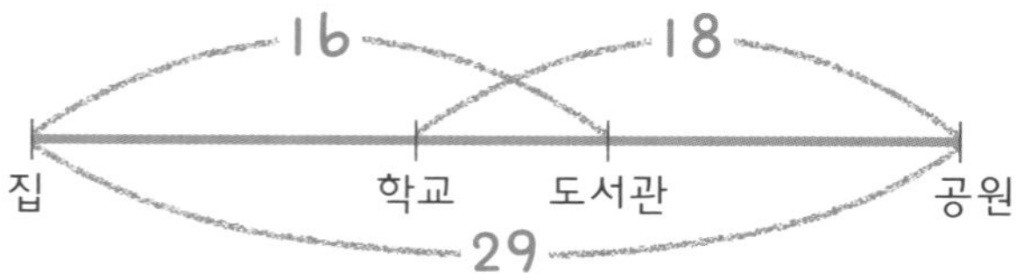

학교에서 도서관까지의 거리는 _____예요.

집에서 학교까지의 거리는 _____이에요.

도서관에서 공원까지의 거리는 _____이에요.

2) 4명의 친구가 달리기를 하고 있어요. 준수와 민호 사이의 거리는 14, 연아와 소희 사이의 거리는 10, 준수와 소희 사이의 거리는 20이에요.

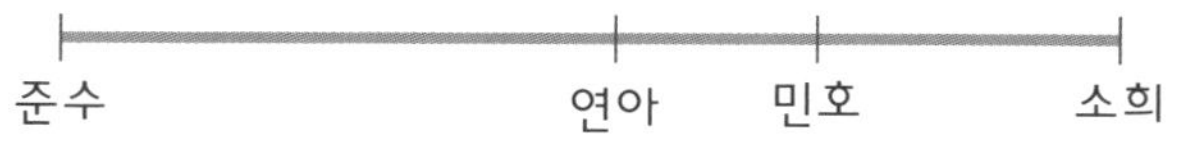

연아와 민호 사이의 거리는 _____예요.

준수와 연아 사이의 거리는 _____이에요.

민호와 소희 사이의 거리는 _____이에요.

4 □의 값을 구해 보세요.

1)

_____

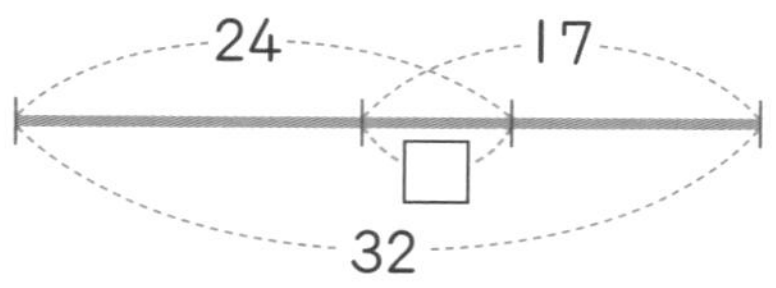

2)

_____

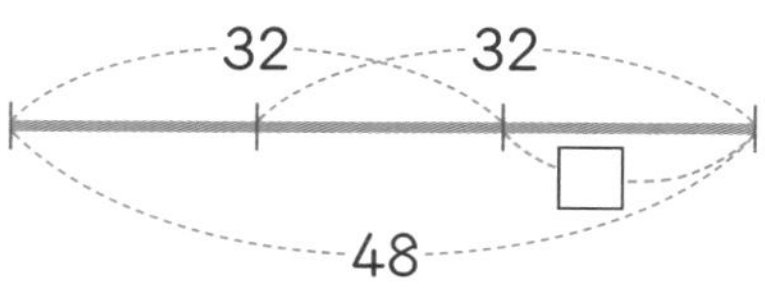

3)

_____

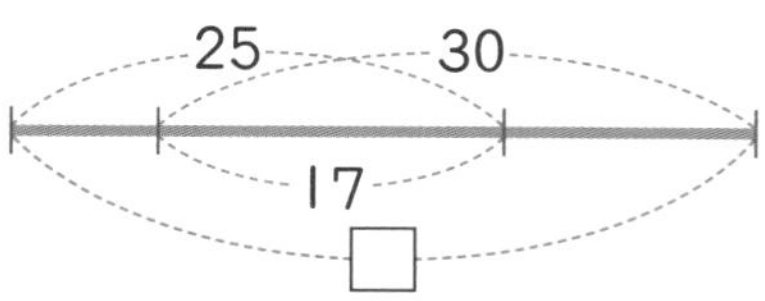

식 만들기

1 ○ 안에 + 또는 −를 써넣어 서로 다른 여러 가지 식을 만들고 계산해 보세요.

1) 31 ⊕ 17 ⊕ 12 = ____
31 ⊖ 17 ⊖ 12 = ____
31 ⊕ 17 ⊖ 12 = ____
31 ⊖ 17 ⊕ 12 = ____

2) 54 ○ 29 ○ 13 = ____
54 ○ 29 ○ 13 = ____
54 ○ 29 ○ 13 = ____
54 ○ 29 ○ 13 = ____

3) 40 ○ 15 ○ 15 = ____
40 ○ 15 ○ 15 = ____
40 ○ 15 ○ 15 = ____
40 ○ 15 ○ 15 = ____

2 서로 다른 계산 결과가 나오도록 주어진 세 수를 더하거나 빼어서 식을 만들고 계산해 보세요.

1) 15 43 24

15+43+24=
43+15−24=

2) 64 29 29

3) 45 36 18

3 주어진 세 수를 더하거나 빼어서 계산 결과가 가장 큰 식과 가장 작은 식을 각각 만들고 계산해 보세요.

1) 7 22 11

계산 결과가 가장 큰 식 ____________

계산 결과가 가장 작은 식 ____________

2) 26 19 15

계산 결과가 가장 큰 식 ____________

계산 결과가 가장 작은 식 ____________

4 세 수를 골라 주어진 식을 만들 때 계산 결과가 가장 큰 식과 가장 작은 식을 각각 만들고 계산해 보세요.

1) 12 17 23 25

○ + ○ − ○

계산 결과가 가장 큰 식 ____________

계산 결과가 가장 작은 식 ____________

2) 29 36 69 73

○ − ○ + ○

계산 결과가 가장 큰 식 ____________

계산 결과가 가장 작은 식 ____________

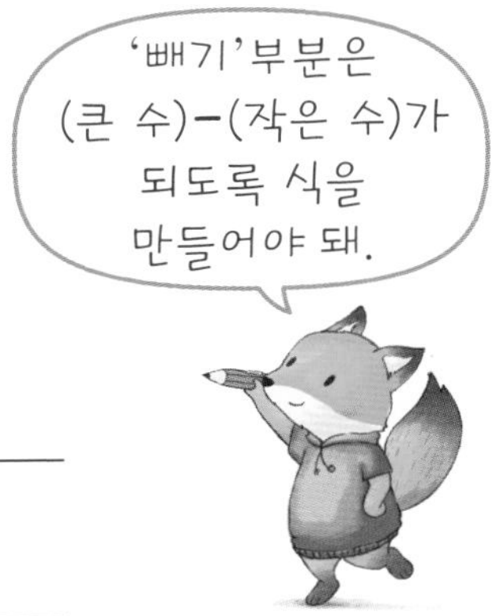
'빼기' 부분은
(큰 수)−(작은 수)가
되도록 식을
만들어야 돼.

식 만들기

1 옳은 식이 되도록 ○ 안에 +, −, =를 알맞게 써넣으세요.

1) 21 ○ 9 ○ 9 (=) 21 2) 43 ○ 16 (=) 18 ○ 9 3) 36 ○ 15 ○ 11 ○ 40

4) 16 ○ 12 ○ 4 ○ 24 5) 40 ○ 36 ○ 19 ○ 15 6) 25 ○ 21 ○ 14 ○ 18

2 옳은 식이 되도록 카드 한 장을 ×표 하여 지우고 식을 써 보세요.

1) [33] [+16] [~~+21~~] [+25] [=74]

______

2) [17] [+23] [+24] [−19] [=22]

______

3) [43] [−25] [+31] [+21] [=39]

______

3 주어진 세 수를 빈칸에 써넣어 식을 바르게 완성하세요.

1) [10 14 22] ___ + ___ − ___ = 26

2) [17 18 20] ___ + ___ − ___ = 15

3) [12 18 27] ___ − ___ + ___ = 21

4) [21 23 36] ___ − ___ + ___ = 34

4 ○ 안의 네 수 중 두 수의 위치를 바꾸면 옳은 식을 만들 수 있어요. 바꾸어야 할 두 수를 찾아 색칠하고 옳은 식을 써 보세요.

1) (27) + (15) − (20) = (32)

➡ ______

2) (22) + (29) − (32) = (39)

➡ ______

5 주어진 수 카드를 한 번씩 사용하여 식을 만들었어요. 빈칸에 알맞은 수를 써 보세요.

[13] [15] [17] [19]

1) 19 − ___ + ___ = 17

2) 19 − ___ + ___ = 15

3) 17 − ___ + ___ = ___

4) 15 − ___ + ___ = ___

6 주어진 네 수 중 세 수를 골라 계산 결과에 맞는 식을 만들어 보세요.

1) (12) (16) (34) (35)

______ = 7

2) (13) (18) (19) (21)

______ = 24

3) (17) (20) (23) (26)

______ = 20

목표 수 만들기

1 더해서 100이 되는 세 수를 찾아 색칠하고 식으로 나타내어 보세요.

1) | 16 | 27 | 34 | 50 |

2) | 29 | 31 | 32 | 37 |

3) | 35 | 33 | 34 | 32 | 30 |

4) | 37 | 30 | 34 | 36 | 43 |

2 서로 다른 색의 구슬을 1개씩 골라 세 수의 합이 ☐ 안의 수가 되도록 모두 선으로 이어 보세요.

1) 55

24	21	14
31	17	15
16	9	18

2) 64

37	14	12
42	24	11
28	16	8

3) 48

25	7	13
17	18	11
32	5	16

3 합이 ☐ 안의 수가 되는 세 수를 찾아 색칠해 보세요.

1) 37

5, 15
14, 7, 18
11, 19

2) 59

13, 16
25, 29, 31
19, 18

3) 57

17, 19
18, 24, 36
26, 16

4) 74

18, 29
19, 25, 32
34, 23

4 가로 또는 세로 방향으로 나란히 놓인 세 수의 합이 ☁ 안의 수가 되는 경우를 모두 찾아 ○표 하세요.

1) 26

4	7	13	5
8	16	4	9
14	3	6	12
7	6	18	2

2) 33

16	13	9	15
8	23	7	3
9	4	18	11
17	21	4	8

3) 42

29	6	25	13
15	29	8	14
16	7	14	15
11	10	15	17

4) 51

31	9	15	27
17	13	21	16
19	18	16	12
18	16	17	23

목표 수 만들기

1 빈칸에 알맞은 수를 써넣어 서로 다른 식을 완성해 보세요.

1) $15 + \underline{\quad} + \underline{\quad} = 40$
$15 + \underline{\quad} + \underline{\quad} = 40$
$15 + \underline{\quad} + \underline{\quad} = 40$
$15 + \underline{\quad} + \underline{\quad} = 40$

2) $25 - \underline{\quad} - \underline{\quad} = 12$
$25 - \underline{\quad} - \underline{\quad} = 12$
$25 - \underline{\quad} - \underline{\quad} = 12$
$25 - \underline{\quad} - \underline{\quad} = 12$

3) $34 + \underline{\quad} - \underline{\quad} = 51$
$34 + \underline{\quad} - \underline{\quad} = 51$
$34 + \underline{\quad} - \underline{\quad} = 51$
$34 + \underline{\quad} - \underline{\quad} = 51$

4) $56 - \underline{\quad} + \underline{\quad} = 29$
$56 - \underline{\quad} + \underline{\quad} = 29$
$56 - \underline{\quad} + \underline{\quad} = 29$
$56 - \underline{\quad} + \underline{\quad} = 29$

2 수 카드 3장을 골라 조건에 맞는 서로 다른 식을 만들어 보세요.

3 4 7
8 12 14
15 16 29

1) $\square + \square + \square = 36$

$29+4+3=36$

2) $\square + \square + \square = 25$

3) $\square - \square - \square = 8$

3 화살 3개를 과녁에 맞혀 다음과 같이 점수를 얻었어요. 화살이 꽂힌 위치를 과녁판에 •으로 표시해 보세요.

1) 62점

같은 곳을 여러 번 맞힐 수도 있어.

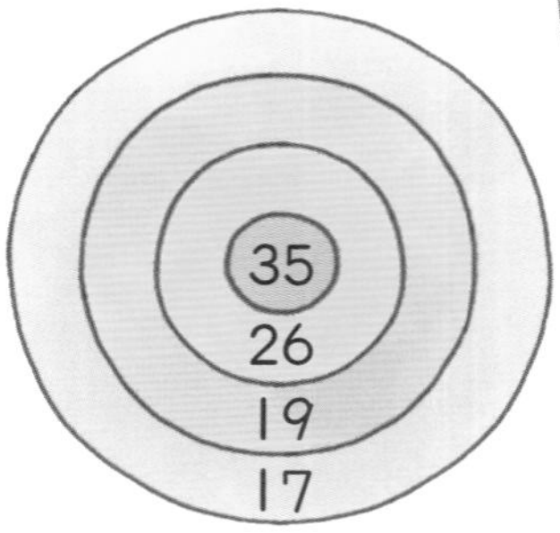

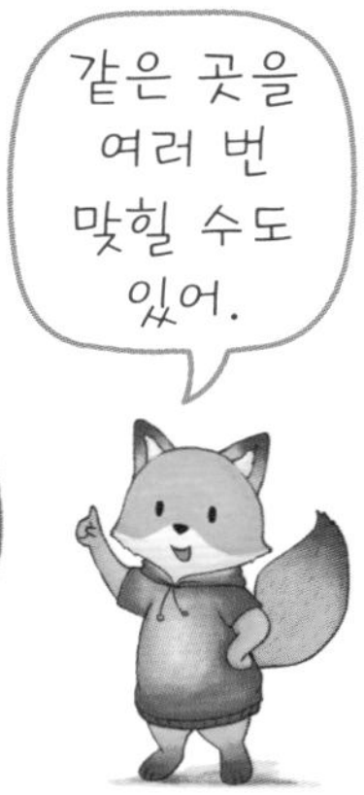

2) 80점

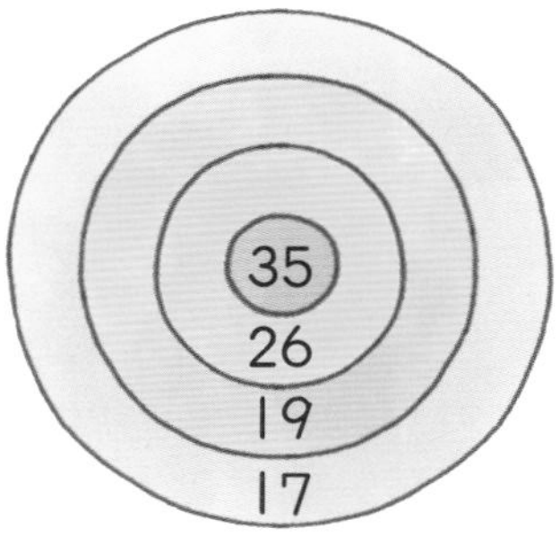

3) 96점

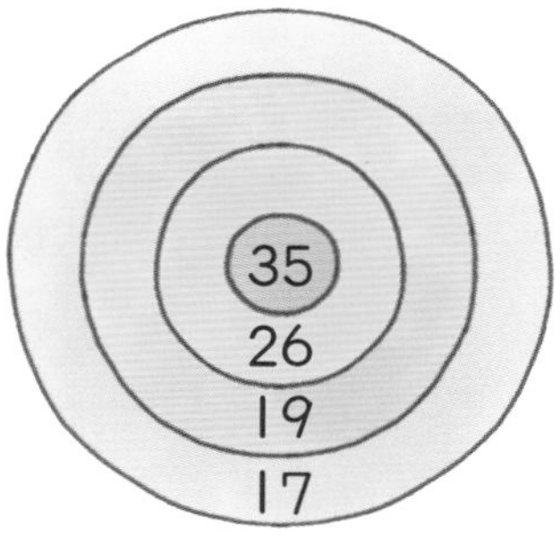

4) 69점

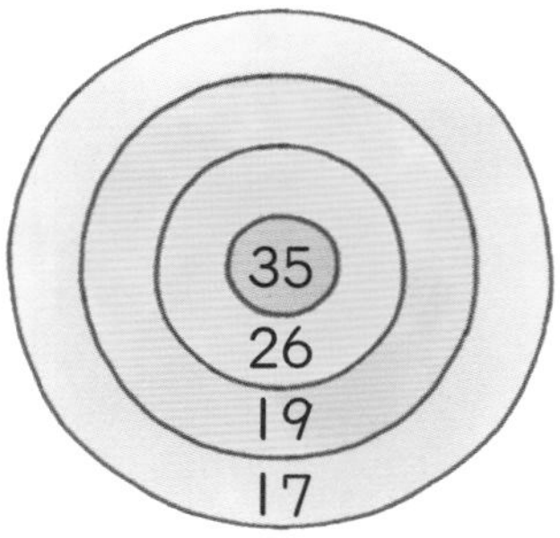

4 세 수의 합이 □ 안의 수가 되는 식을 3개씩 써 보세요.

1) 20
$15+3+2=20$

2) 31

3) 45

4) 52

합이 같게 만들기

1 주어진 수를 한 번씩 사용하여 한 줄에 놓인 세 수의 합이 서로 같도록 만들어 보세요.

11 12 13 14 15

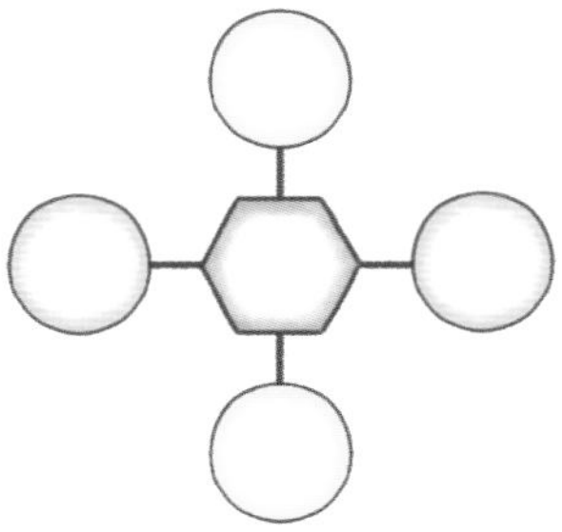

1) ⃝+⬡+⃝과 ⃝+⬡+⃝의 계산 결과가 같으려면 ⃝+⃝과 ⃝+⃝의 값은 어떻게 되어야 할까요?

_____

2) 두 수의 합이 같도록 여러 가지 방법으로 둘씩 짝을 지어 보세요. 남은 수 하나를 ⬡에 써넣고 빈칸을 모두 채워서 한 줄에 놓인 세 수의 합을 각각 구해 보세요.

한 줄에 놓인 세 수의 합을 같게 만드는 방법은 여러 가지가 있어!

11 12 13 14 15

세 수의 합 ➡ _____

11 12 13 14 15

세 수의 합 ➡ _____

11 12 13 14 15

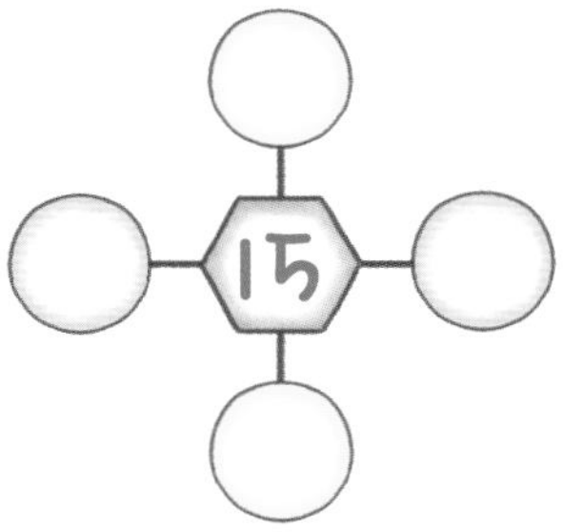

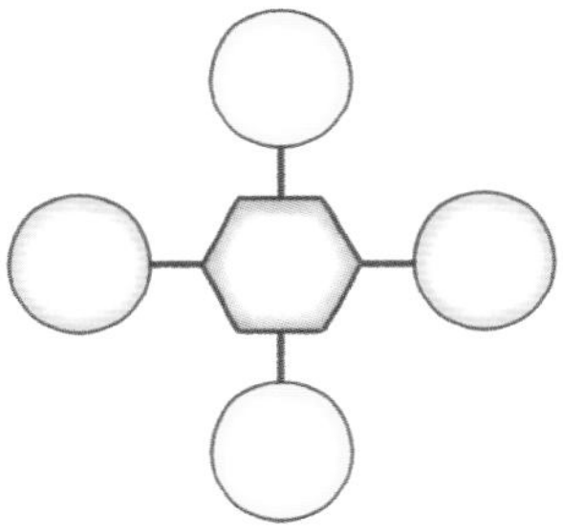

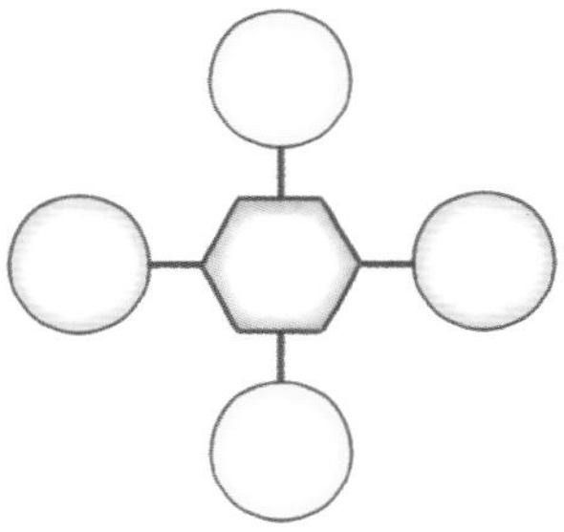

세 수의 합 ➡ _____

3) 세 수의 합이 가장 크게 또는 가장 작게 되려면 주어진 수를 어떻게 넣어야 할까요?

_____

2 주어진 수를 한 번씩 사용하여 한 줄에 놓인 세 수의 합이 서로 같도록 조건에 맞게 빈칸에 수를 써넣고 세 수의 합을 구해 보세요.

1)

21 23 25 27 29

합이 가장 크게

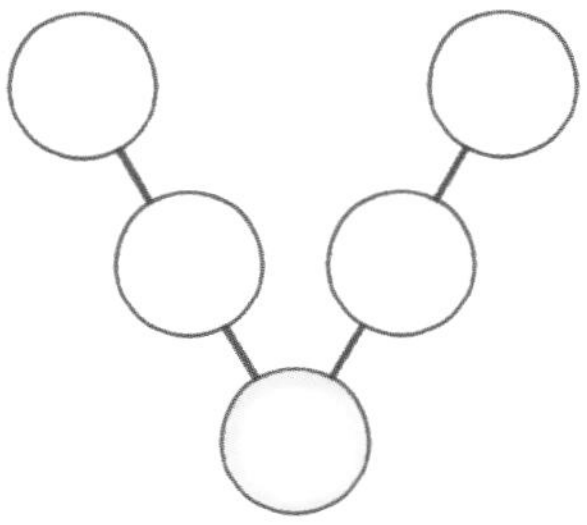

합이 가장 작게

세 수의 합 ➡ _____

세 수의 합 ➡ _____

2)

11 22 33 44 55

합이 가장 크게

합이 가장 작게

세 수의 합 ➡ _____

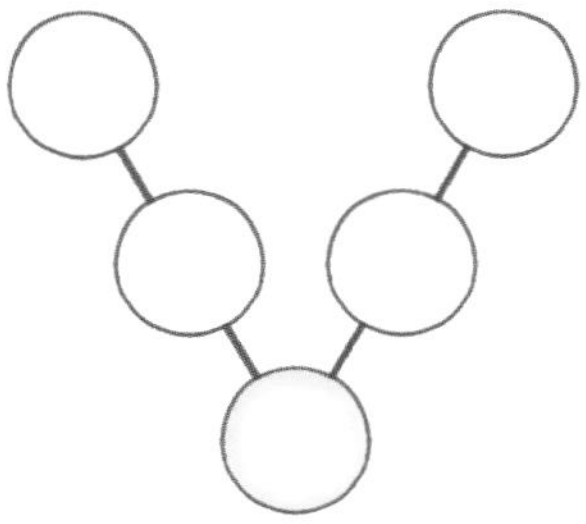

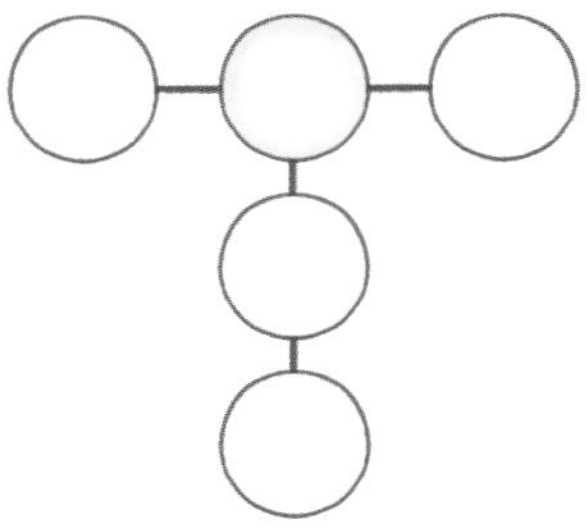

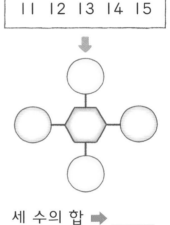

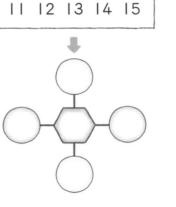

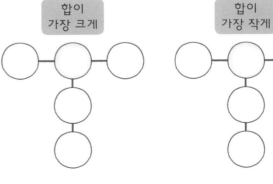

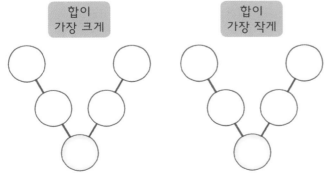

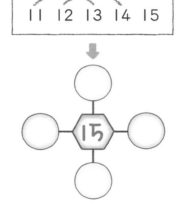

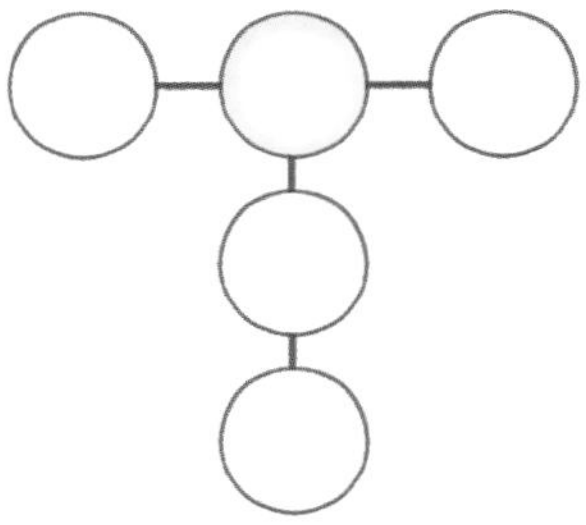

세 수의 합 ➡ _____

EGG

합이 같게 만들기

1 주어진 수를 한 번씩 사용하여 한 줄에 놓인 세 수의 합이 ▲ 안의 수가 되도록 ○ 안에 수를 써넣으세요.

1)

1	6
2	7
5	8

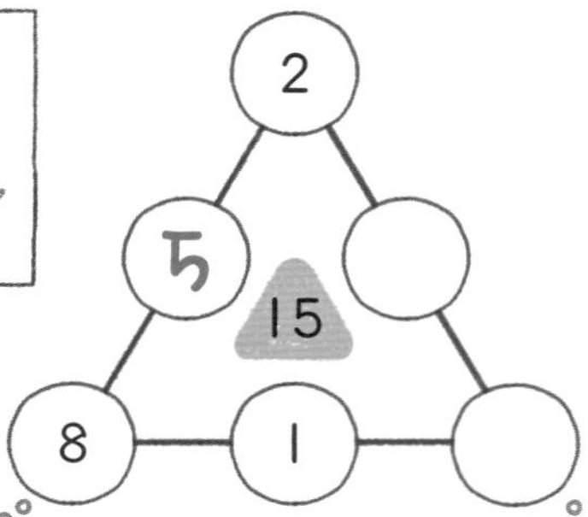

2+□+8=15

8+1+□=15

2)

5	8
6	9
7	11

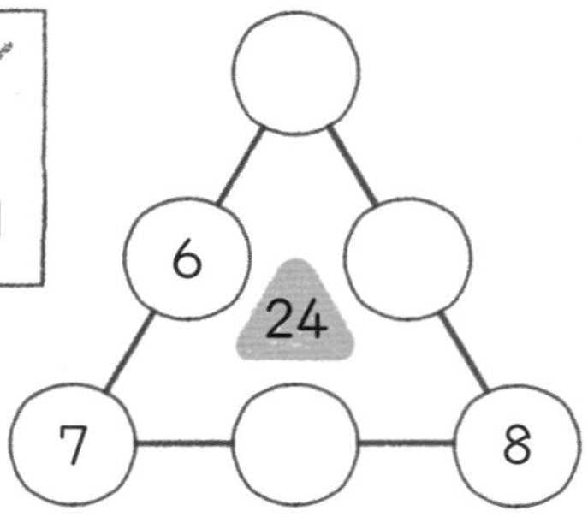

3)

2	14
5	16
13	17

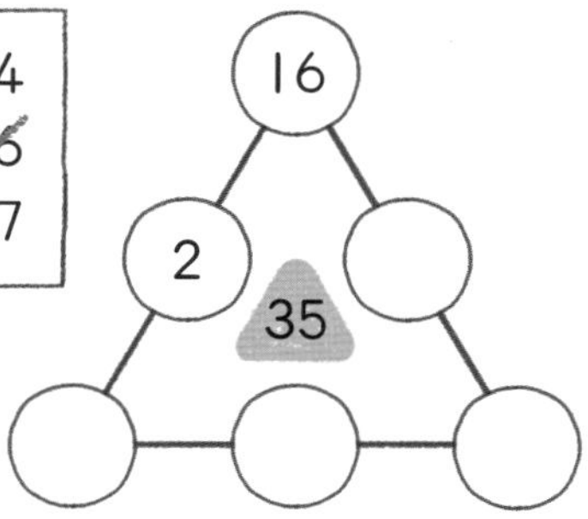

2 주어진 수를 한 번씩 사용하여 한 줄에 놓인 세 수의 합이 ▲ 안의 수가 되도록 만들어 보세요.

4	7	8	11	17	21

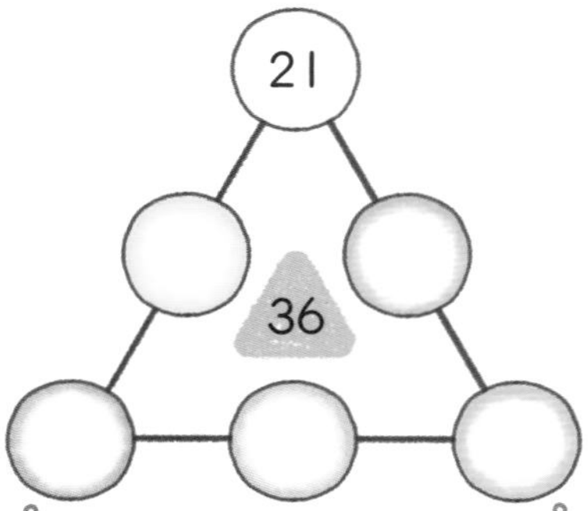

21+○+○=36

21+○+○=36

1) ○+○, ○+○의 값은 각각 얼마일까요? ______, ______

2) □ 안의 수에서 ○과 ○, ○과 ○에 들어갈 수 있는 수를 둘씩 짝지어 선으로 잇고 남은 수를 ○ 안에 써넣으세요.

3) ○+○+○=36에서 ○+○의 값을 구하여 ○과 ○ 안에 알맞은 수를 써넣고, 나머지 빈칸도 모두 채워 보세요.

3 주어진 수를 한 번씩 사용하여 한 줄에 놓인 세 수의 합이 ▲ 안의 수가 되도록 ○ 안에 수를 써넣으세요.

1)

1	5	15
19	22	26

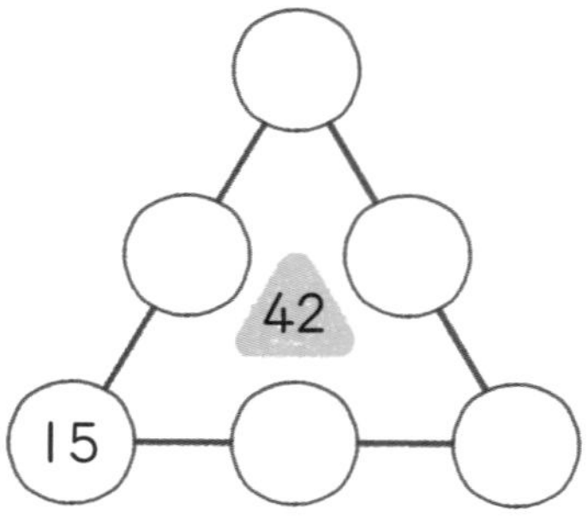

2)

9	15	17
18	23	26

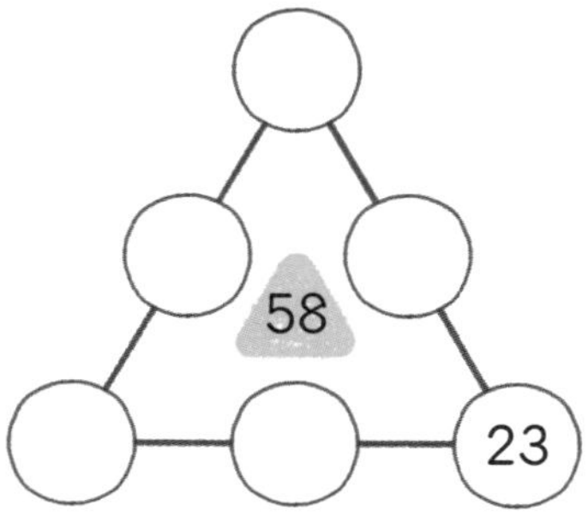

3)

5	6	19
20	25	39

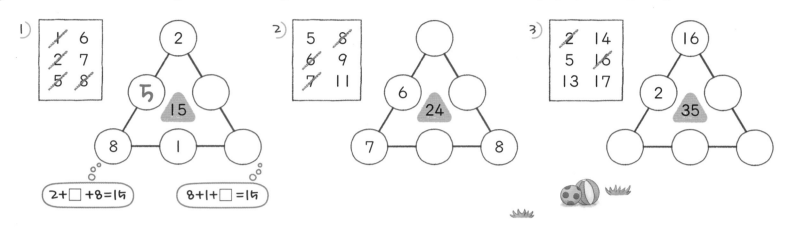

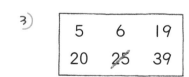

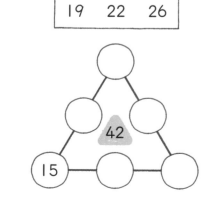

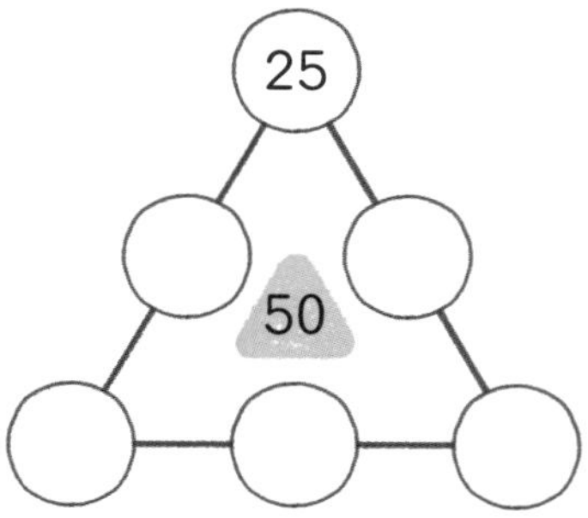

4 주어진 수를 한 번씩 사용하여 한 줄에 놓인 세 수의 합이 ▩ 안의 수가 되도록 만들어 보세요.

5	10	~~15~~	20
25	30	35	~~40~~

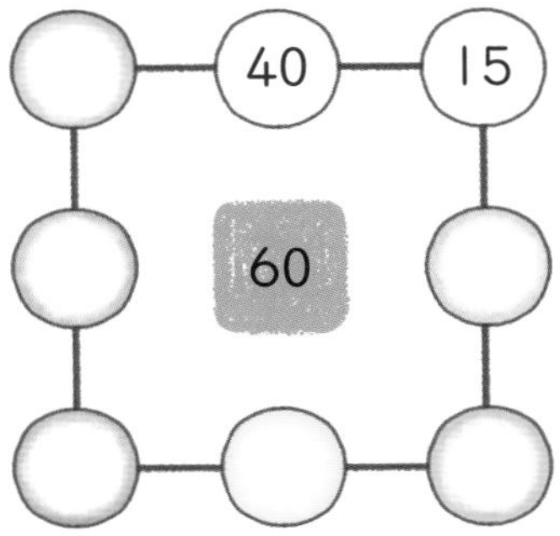

1) ◯+㊵+⑮=60에서 ◯에 알맞은 수를 구하여 써넣으세요.

2) ⑤+◯+◯=60에서 ◯+◯은 얼마일까요? ______

또, ⑮+◯+◯=60에서 ◯+◯은 얼마일까요? ______

3) 사용하지 않은 수 중에서 ◯과 ◯, ◯과 ◯에 들어갈 수 있는 수를 둘씩 짝을 짓고 남은 수를 ◯ 안에 써 보세요.

4) ◯+◯+◯=60에서 ◯+◯의 값을 구하여 ◯과 ◯ 안에 알맞은 수를 써넣고, 나머지 빈칸도 모두 채워 보세요.

5 주어진 수를 한 번씩 사용하여 한 줄에 놓인 세 수의 합이 ▩ 안의 수가 되도록 ◯ 안에 수를 써넣으세요.

1)

~~1~~	~~5~~	6	14
16	18	~~19~~	20

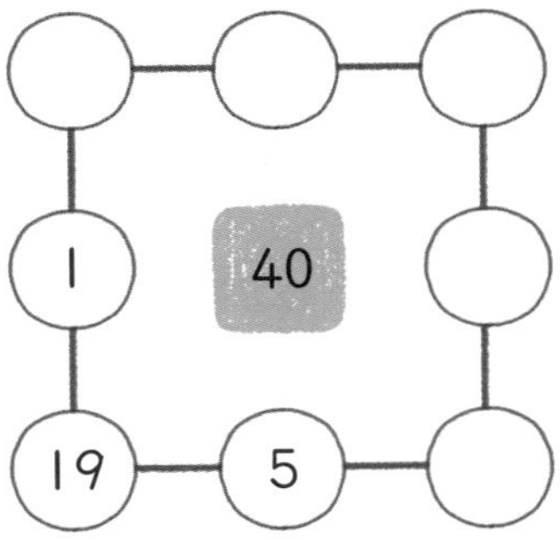

2)

~~11~~	~~14~~	16	17
~~18~~	20	23	24

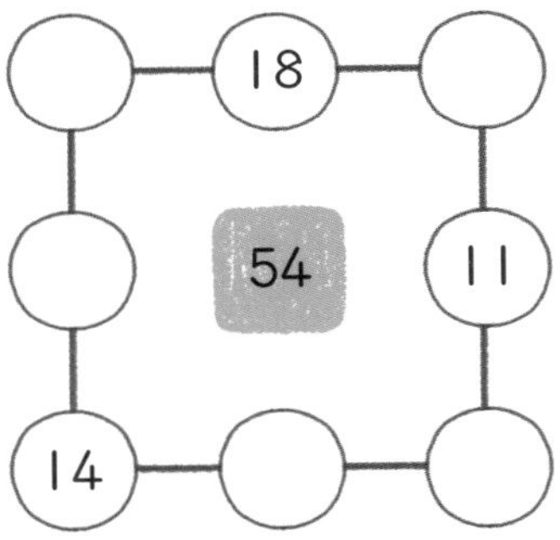

3)

5	~~6~~	14	~~16~~
17	25	34	35

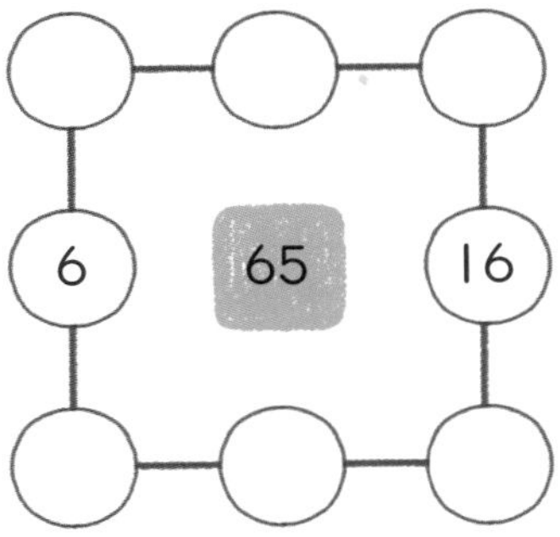

6 두 수의 위치를 바꾸면 한 줄에 놓인 세 수의 합이 모두 같아져요. 바꾸어야 할 두 수를 찾아 색칠하고, 한 줄에 놓인 세 수의 합을 ☐ 안에 써 보세요.

1)

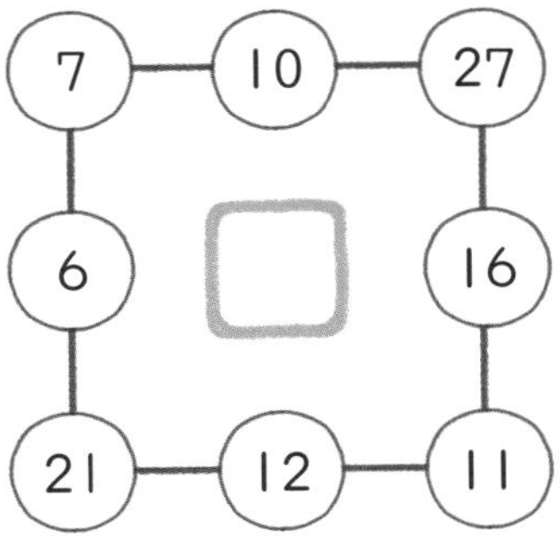

2)

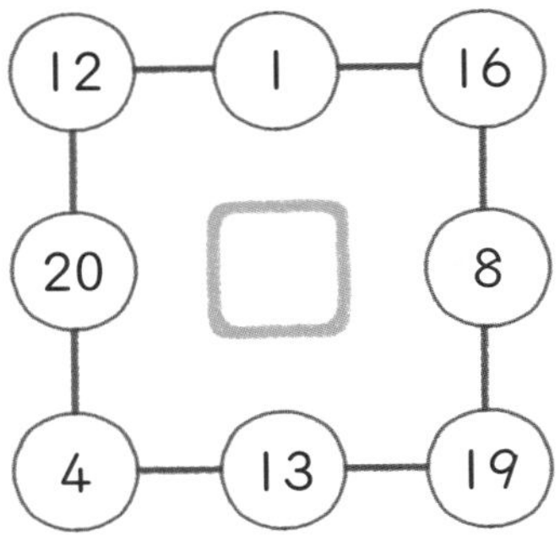

3)

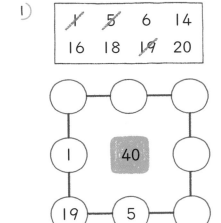

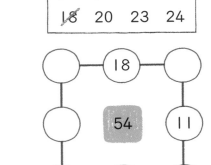

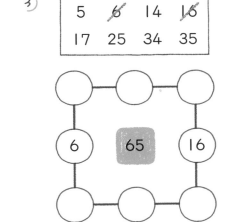

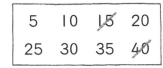

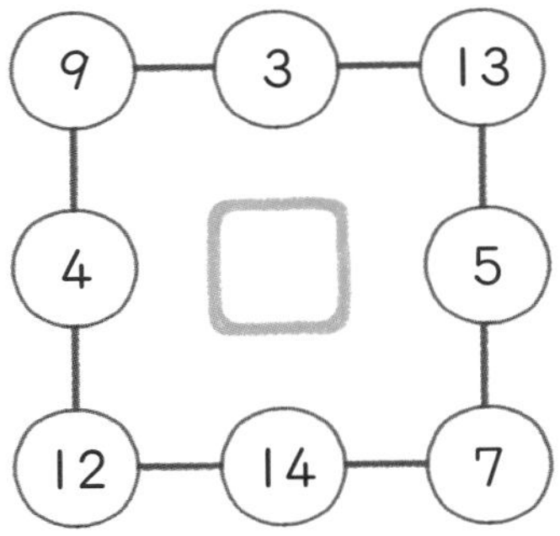

마법의 사각형

1 화살표 방향의 세 수의 합을 구해 보세요.

12	19	14
17	15	13
16	11	18

16 + 15 + 14 = 45

12 + 19 + 14 = ____

17 + ____ + ____ = ____

16 + ____ + ____ = ____

____ + ____ + ____ = ____

____ + ____ + ____ = ____

____ + ____ + ____ = ____

____ + ____ + ____ = ____

가로, 세로, 대각선 방향으로 놓인 세 수의 합이 모두 같은 사각형을 '**마법의 사각형**'이라고 하고, 한 줄에 놓인 세 수의 합을 '**마법의 수**'라고 해.

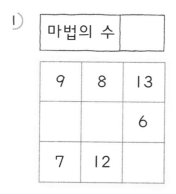

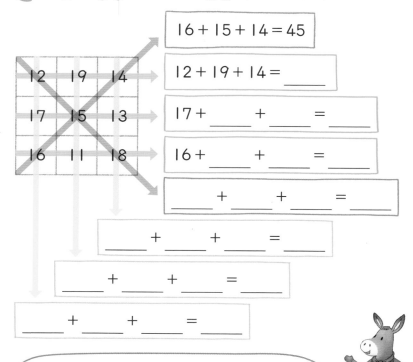

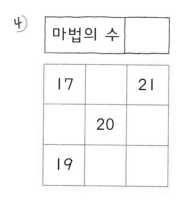

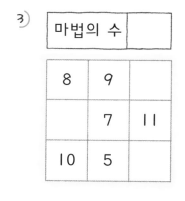

2 마법의 사각형을 모두 찾아 ☑표 하고 마법의 수를 써 보세요.

☐

2	7	6
9	5	1
4	3	8

마법의 수	

☐

17	12	19
18	16	14
13	20	15

마법의 수	

☐

18	13	14
15	11	19
16	17	12

마법의 수	

☐

17	22	15
16	18	20
21	14	19

마법의 수	

3 마법의 수를 찾아 마법의 사각형을 완성해 보세요.

1)

마법의 수	

9	8	13
		6
7	12	

2)

마법의 수	

		18
15	19	23
20		

3)

마법의 수	

8	9	
	7	11
10	5	

4)

마법의 수	

17		21
	20	
19		

4 마법의 사각형이 될 수 있는 것을 모두 찾아 ☑표 하고, 마법의 수를 찾아 마법의 사각형을 완성해 보세요.

☐

5		7
	8	
9		11

마법의 수

☐

	4	9
10	6	1
	8	

마법의 수

☐

14		16
15		
10		12

마법의 수

5 9개의 수 중 하나의 수를 바꾸면 마법의 사각형을 만들 수 있어요. 바꾸어야 할 수를 찾아 알맞게 고쳐 보세요.

1)

9	16	7
14	12	10
13	8	15

2)

14	21	16
12	17	15
18	13	20

3)

25	18	23
20	22	24
21	17	19

4)

12	5	10
7	14	11
8	13	6

6 빈칸에 알맞은 수를 써넣어 마법의 사각형을 완성해 보세요.

1)

16	5	9	4
2	11		
3			15
			1

2)

8	13	9	
	11	15	6
19	10	14	
		12	

3)

7		18	4
	10	9	
8	14	13	
19			16

7 주어진 모양대로 빈칸에 알맞게 수를 써넣어 마법의 사각형을 완성해 보세요.

1)

~~12~~ 13 7 14 8

10	15
9	11

2)

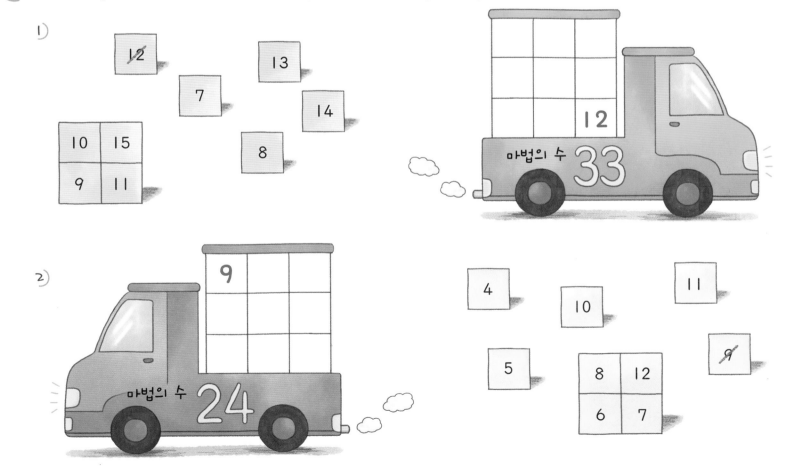

4 10 11 5 ~~9~~

8	12
6	7